KB264135

슈퍼스도쿠
인 피 니 티

IQ 148을 위한 논리게임

SUPER SUDOKU INFINITY

마인드 게임 지음

보누스

스도쿠에 도전한다

이 책은 영국 마인드 게임에 실렸던 스도쿠 중 마니아들 사이에 높은 완성도로 호평받은 퍼즐들을 모았다. 퍼즐은 난이도에 따라 쉬운 것부터 어려운 순서대로 배치해 마지막에는 가장 어려운 25개의 스도쿠를 풀어보도록 구성했다. 문제를 풀기 전에, 스도쿠를 푸는 방법 몇 가지를 알아보자.

스도쿠 용어와 읽기 요령

셀(cell) : 표 안에 있는 81개의 작은 칸

박스(box) : 셀이 가로, 세로 각각 3칸씩 합쳐진 9개의 커다란 칸

컬럼(column) : 세로로 연결된 9개의 셀

로우(row) : 가로로 연결된 9개의 셀

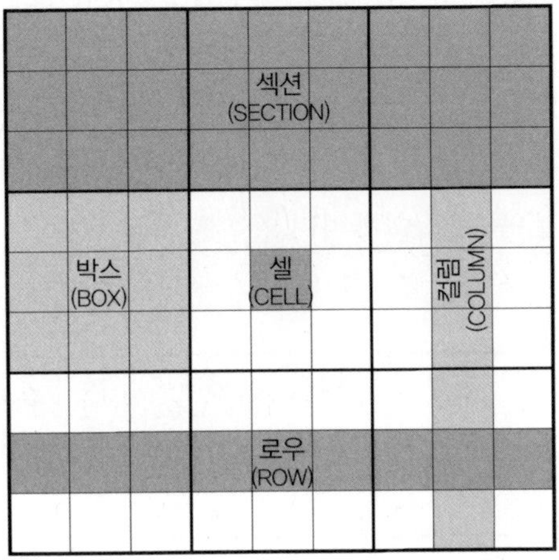

표를 읽을 때는 항상 왼쪽에서 오른쪽, 위에서 아래로 읽는다. 따라서 맨 위 왼쪽 커다란 상자가 박스1, 맨 아래 오른쪽 커다란 상자가 박스9가 된다. 마찬가지로 맨 위 가로로 연결된 9개의 셀이 로우1이고, 맨 아래 가로로 연결된 9개의 셀이 로우9가 된다. 같은 방식으로 왼쪽 세로로 연결된 9개의 셀이 컬럼1이고, 맨 오른쪽 세로로 연결된 9개의 셀이 컬럼9가 된다.

셀, 박스, 컬럼, 로우 등을 우리 식으로 칸, 상자, 열, 줄 등으로 부를 수도 있으나 세계적인 게임이므로 원어를 그대로 사용하기로 한다. 한편, '셀'과 '박스'의 의미는 책마다 다를 수 있음을 밝혀둔다.

스도쿠 푸는 요령

스도쿠를 풀기 위해서는 '가로, 세로, 3×3 박스 안의 9개의 칸에 1부터 9까지의 숫자를 채워 넣는다'는 기본 규칙만 지키면 된다. 다음 〈예1〉은 스도쿠를 이 규칙에 따라 일부 풀어낸 모습이다.

7	9		1		3		8	2
2		6	7					5
		3			2		7	
			2		6		4	9
					7			
6	3		8		4		5	
	2							
3	6			7	1	5	2	8
8	7			2	5		1	3

예1

오른쪽 〈예1-1〉에는 아직 풀지 못한 셀의 왼쪽 위에 작은 글씨로 후보숫자candidate를 적었다. 후보숫자란 각 셀 안에 들어갈 수 있는 숫자를 말한다.

컬럼과 박스가 교차하는 영역 살펴보기

〈예1-1〉에서 색칠한 왼쪽 박스들과 컬럼2가 교차하는 영역을 보자. 컬럼2의 셀들에는 후보숫자 8이 4개 적혀 있다. 그런데 박스1에 들어갈 후보숫자 8은 박스1과 컬럼2가 겹치는 영역에만 들어가야 한다. 이 중 하나가 남아야 하므로 컬럼2의 셀들 중 박스1과 겹치지 않는 영역의 후보숫자 8은 제거해야 한다.

7	9	45	1		3		8	2
2	148	6	7					5
145	1458	3			2		7	
15	158	1578	2		6		4	9
1459	1458	124589			7			
6	3	1279	8		4		5	
1459	2	1459						
3	6	49		7	1	5	2	8
8	7	49		2	5		1	3

예1-1

2개짜리 짝 찾기

〈예1-2〉의 컬럼3에 작은 글씨로 써넣은 후보숫자들을 보라. 컬럼3에서 셀8과 셀9에는 각각 4 또는 9만 들어갈 수 있고, 다른 숫자는 들어갈 수 없다. 이렇게 2개의 셀에 들어갈 답이 좁혀졌으므로 이 컬럼의 다른 셀에 적힌 후보숫자 중에 4와 9는 제거한다. 그러면 컬럼3의 셀1에는 5만 넣을 수 있다. 스도쿠의 나머지 부분도 이 방법을 이용해 채워나갈 수 있다.

7	9	145	1		3		8	2
2		6	7					5
		3			2		7	
		1578	2		6		4	9
		124589			7			
6	3	1279	8		4		5	
	2	1459						
3	6	49		7	1	5	2	8
8	7	49		2	5		1	3

예1-2

숨겨진 2개짜리 짝 찾기

로우5에는 후보숫자 2와 8이 2개의 셀에 함께 있다. 즉, 2와 8은 2개의 셀에만 일정한 규칙대로 들어갈 수 있다. 그러므로 이 2개의 셀에 다른 숫자는 들어갈 수 없다. 따라서 〈예1-3〉에서 보듯이 이 2개의 셀에서 다른 후보숫자를 지울 수 있다.

7	9	5	1		3		8	2
2		6	7					5
		3			2		7	
			2		6		4	9
1459	145	1258	359	1359	7	12368	36	16
6	3		8		4		5	
	2							
3	6			7	1	5	2	8
8	7			2	5		1	3

예1-3

아래 〈예2〉는 새로운 문제다. 스도쿠를 푸는 쉬운 방법을 배웠으니 이제 〈예2〉와 같은 어려운 스도쿠를 푸는 방법도 배워보자.

				6		5		
	2	6	1		5		3	
		5	8			9	6	
	5					1	9	
7								5
	1	2	5				8	
	9	7	3		4	2	5	
2	8	4	7	5	6	3	1	9
5			9	2				

예2

3개짜리 짝 찾기

오른쪽 〈예2-1〉의 로우5에 후보숫자 2, 4, 6을 전부 또는 일부 적은 3개의 셀이 있다. 그러므로 이 3개의 숫자는 3개의 셀에 어떤 규칙대로 놓여야만 한다. 이제 당신은 컬럼5의 다른 모든 셀에서 후보숫자 2와 4, 6을 제거할 수 있다. 이 방법으로 컬럼5의 셀2를 풀 수 있다.

				6		5		
	2	6	1		5		3	
		5	8			9	6	
	5					1	9	
7	346	389	246	13489	12389	46	24	5
	1	2	5				8	
	9	7	3		4	2	5	
2	8	4	7	5	6	3	1	9
5			9	2				

예2-1

우리는 www.sudokusolver.com에 스도쿠를 푸는 더 많은 방법을 소개했다. 이 책에 있는 어느 문제든 풀기 어렵다면 이 사이트를 방문하라. 또한 책에 있는 스도쿠를 모두 푼다면 다른 《슈퍼 스도쿠 시리즈》와 《멘사 스도쿠 시리즈》에도 도전해보길 바란다. 스도쿠를 완성했을 때 느낄 수 있는 짜릿한 쾌감과 재미가 당신을 기다리고 있다.

CONTENTS

SUPER **SUDOKU** INFINITY **GUIDE** -------- **4**

SUPER **SUDOKU** INFINITY **LEVEL 1** -------- **15**

SUPER **SUDOKU** INFINITY **LEVEL 2** --- **115**

SUPER **SUDOKU** INFINITY **LEVEL 3** ------ **190**

SUPER **SUDOKU** INFINITY **SOLUTION** -- **215**

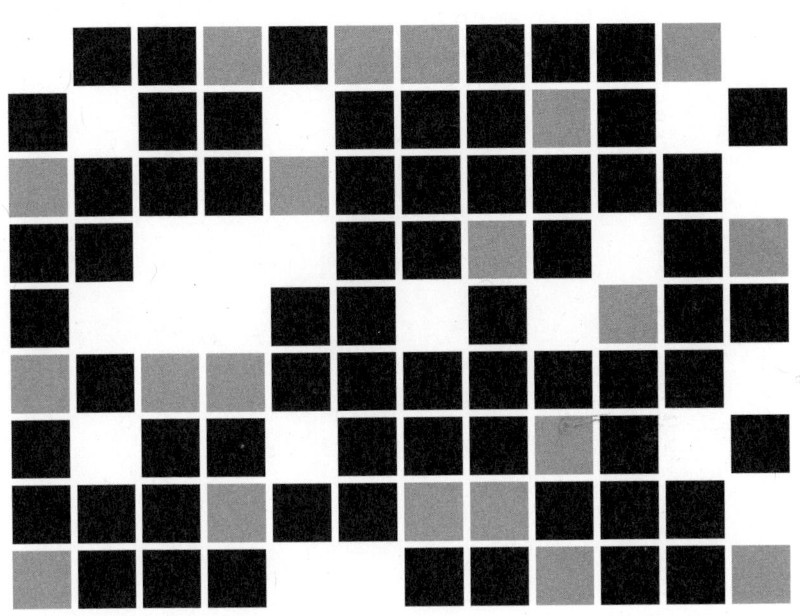

SUPER **SUDOKU** INFINITY

LEVEL 1 **001~100**

LEVEL 2 **101~175**

LEVEL 3 **176~200**

SUPER **SUDOKU**

001

	1		6				3	4
3			8			6		
		4		7				
		1					2	8
			9		5			
7	3					5		
				8		9		
		9			4			7
2	7				6		5	

SUPER **SUDOKU**

002

	3		5					9
		7	1	9		6		5
9							7	
			9		1			6
		1		2		9		
4			3		8			
	1							4
2		5		4	6	8		
3					9		6	

SUPER **SUDOKU**

003

		9	5	7	2			
	1				3		8	
				8				7
1	7							5
3		5		2		8		1
4							7	6
2				1				
	8		4				3	
			2	3	8	9		

SUPER **SUDOKU**

004

9		7			3	6		
	6				1	4		7
				7				5
					4			9
			9		5			
2			1					
7				4				
4		5	8				9	
		9	5			2		4

SUPER **SUDOKU**

005

	5	7				9	1	
8				4				2
			2		7			
		3		1		6		
			3		9			
		4		7		5		
			7		2			
7				3				5
	6	2				4	9	

SUPER **SUDOKU**

006

	8	5	3	9				
		3						8
					1		7	5
		9	1		4			7
8								1
1			6		5	9		
5	4		9					
3						5		
				2	3	1	4	

SUPER **SUDOKU**

007

	1							9
8					2			
	6	3				2	1	
	7	6	3		4	5		
				8				
		1	2		9	7	3	
	9	5				1	8	
			9					2
3							5	

SUPER **SUDOKU**

008

				2	4			
			7			6		
	4	3	1		5	9		
5		8				7	3	
1								6
	7	6				2		4
		5	3		1	8	7	
		9			7			
			8	9				

SUPER **SUDOKU**

009

		3			5	6	9	
2	6						4	
4				7				2
6			5		7			
		9				5		
			3		8			6
5				1				3
	3						2	7
	2	7	8			1		

SUPER **SUDOKU**

010

				3	6			
			2			4		
	2	5		4		9		
3			4		5		8	
8		1				7		5
	7		3		1			2
		6		1		5	9	
		7			2			
			7	6				

SUPER **SUDOKU**

011

	8		6				7	
2	9				4		6	5
				2				
	1		5		7			2
		7				1		
8			3		6		5	
				7				
4	7		1				3	6
	3				9		4	

SUPER **SUDOKU**

012

9		5						7
				5	8	4		
	4		7					2
	9		3		7	1		
	5			8			3	
		7	1		5		9	
8					6		2	
		1	4	9				
5						6		1

SUPER **SUDOKU**

013

		9	2	7	1			3
					4		1	
				6				5
	2		5					9
1								4
9					8		7	
8				3				
	1		4					
2			7	9	6	4		

SUPER **SUDOKU**

014

		8	4	1	3	9		
			8					
4					9			8
5		9					1	6
3				6				4
2	8					3		9
9			2					5
					7			
		7	6	5	4	2		

SUPER **SUDOKU**

015

					3	5	2	
2		4				6		
		3	9	1				
		5	6					8
3								6
9					7	2		
				5	8	3		
		8				4		5
	7	2	3					

SUPER **SUDOKU**

016

			3	5		4	6	
7								
3		6	8			9		
				3		6		4
6			1		5			7
9		2		7				
		1			4	5		6
								8
	6	5		2	3			

SUPER **SUDOKU**

017

7		9		3	8	6		
	6	3						9
	5	7	8		6	9		4
4								5
6		8	4		5	7	2	
2						3	9	
		6	7	1		5		2

SUPER **SUDOKU**

018

			3		4	2		
	6					7	8	
5	1			8				
1			4		6			3
		6				1		
7			9		1			8
				4			3	7
	3	1					2	
		8	6		3			

SUPER **SUDOKU**

019

1					4			
8				3	7			
	7		5			4		
3		2			5			
	5			8			6	
			7			1		3
		3			6		7	
			4	2				6
			8					4

INFINITY **LEVEL 1**

SUPER **SUDOKU**

020

6		2	1					
1					6			
9	5		3	8				6
							6	7
		6	5		3	9		
3	2							
8				7	5		4	9
			2					8
					4	7		3

SUPER **SUDOKU**

021

2			3		8			1
		9			5			
		6			7	2	5	
9	7	3						4
4						8	7	2
	9	7	6			1		
			2			4		
3			5		1			7

SUPER **SUDOKU**

022

4			7		8		6	5
	5			6				1
		6						
5			2		7			8
	3			4			7	
2			3		1			6
						9		
8				7			1	
6	7		8		9			3

SUPER **SUDOKU**

023

		8				3		
3			8		4			5
	6		1		9		8	
5			4		7			1
		9				4		
1			5		6			3
	1		9		3		2	
9			2		8			7
		2				1		

INFINITY **LEVEL 1**

SUPER **SUDOKU**

024

	8				7		9	
6			5					7
		2		9		3		
3			4		1		6	
		1				8		
	2		7		9			3
		5		3		6		
1					8			9
	6		1				3	

SUPER **SUDOKU**

025

8			5			9	6	3
1	9				3		5	
3								
	5		9		1			4
				7				
6			2		4		8	
								5
	3		4				1	6
7	6	4			8			2

SUPER **SUDOKU**

026

		4	9					8
7						5	2	9
		5	1					
8				2				
5	1	2				6	3	4
				1				5
					8	4		
4	5	7						2
3					6	9		

SUPER **SUDOKU**

027

		6			2		1	
	5		7			6		
4			8			5		3
5				3				7
		4	6		5	8		
8				7				4
9		5			7			6
		7			3		8	
	3		1			7		

SUPER **SUDOKU**

028

					6	1	3	
					7	4		
9		3						8
4				1			2	5
	2						1	
7	9			4				3
5						8		1
		7	9					
	6	2	7					

SUPER **SUDOKU**

029

4							3	
		7			3		4	2
	2		5			6		
		6		3			2	
			1	2	9			
	3			6		1		
		4			8		6	
9	6		4			2		
	5							7

SUPER **SUDOKU**

030

	1			3		8		2
				9	2			5
7				8				3
							6	9
	8						3	
2	9							
9				1				8
8			3	4				
1		6		2			9	

SUPER **SUDOKU**

031

		2		9	7	3		
			1					
1		6				7		2
7			5		1		6	
5				7				9
	1		6		9			7
6		1				2		8
					4			
		7	8	1		9		

SUPER **SUDOKU**

032

				6		8		
		3	1		5			
4			9		3		1	
	4	5				1	2	
1								7
	9	7				4	8	
	3		2		1			4
			4		9	5		
		4		5				

SUPER **SUDOKU**

033

	2					5		
		9	6	2				
8		1		5				
1			2			9		
		8	7		6	3		
		2			5			8
				4		7		9
				8	7	4		
		3					1	

SUPER **SUDOKU**

034

	2							
	7		6				1	
		1		8		5	4	7
	9	2		1				3
			9		2			
3				7		9	5	
1	6	4		9		3		
	8				4		9	
							8	

SUPER **SUDOKU**

035

8	4		5			2		3
		6			7			5
9					6		4	
	2	5						1
1						9	3	
	6		8					4
5			2			6		
7		4			5		2	9

SUPER **SUDOKU**

036

6	8				2			
			7		4		8	
4	9				3			1
							2	8
		5		8		9		
8	4							
3			4				6	2
	1		6		5			
			2				7	5

SUPER **SUDOKU**

037

4	5						7	1
1				9				2
		9				3		
		5	8		1	7		
		7				2		
		4	7		6	5		
		8				1		
7				4				9
9	2						4	7

SUPER **SUDOKU**

038

					6	3	2	1
			9					
	3			2			7	
				9		8		
9		3	5		2	4		6
		4		7				
	4			6			3	
					9			
7	2	5	8					

INFINITY **LEVEL 1**

SUPER **SUDOKU**

039

	3					2		
		9	7					6
8			1	6			4	
			5		8	6	2	
		8		4		1		
	9	1	6		2			
	4			7	1			2
1					6	4		
		2					6	

SUPER **SUDOKU**

040

				4		2	7	5
				3				
		7	8			9		3
	4	5						9
7		2				3		4
9						7	6	
5		1			2	8		
				8				
8	9	3		1				

SUPER **SUDOKU**

041

7				9				2
		9	7			5		
	3				8		9	
		7	1		3		4	
3								5
	5		6		4	8		
	2		3				5	
		3			5	9		
8				4				3

SUPER **SUDOKU**

042

		4			9		6	
8					6	4		
1	5					3		
	7				2			
5		3		6		8		9
			8				3	
		7					4	5
		5	1					6
	6		4			9		

SUPER **SUDOKU**

043

9		7			3	6		
	6				1	4		7
				7				5
					4			9
			9		5			
2			1					
7				4				
4		5	8				9	
		9	5			2		4

SUPER **SUDOKU**

044

3	1			5			6	8
				6				
	9		4	1	2		7	
5								3
4			7		6			2
1								6
	6		5	8	1		3	
				9				
8	3			7			1	9

SUPER **SUDOKU**

045

4			6		9			3
			4		5			
	9			3			2	
2		1				4		9
9		5				7		8
	4			5			9	
			1		7			
8			2		4			6

SUPER **SUDOKU**

046

1			2	3		4		8
					9			
4		9	5			2		
	1					9		4
5				2				7
7		6					8	
		4			2	8		1
			3					
3		8		1	4			9

SUPER **SUDOKU**

047

	8				3		5	
2		7			5			6
		1		6		3	7	
8	2							
		9		1		2		
							4	5
	9	2		3		4		
1			8			5		9
	6		9				2	

SUPER **SUDOKU**

048

		8	9					
			2	6				
		9			5	6		2
		2	8		4		1	9
	9						7	
5	4		1		7	2		
3		4	5			8		
				1	8			
					9	3		

SUPER **SUDOKU**

049

		5			8			
1		2		3	9	5		
7								
				2			3	
	1	4		6		2	9	
	6			4				
								6
		3	6	7		9		5
			5			7		

SUPER **SUDOKU**

050

9	7					6		1
		8			1			5
6				2			3	
	5		6		2			
		7		5		2		
			1		4		7	
	2			9				3
7			8			9		
5		4					6	7

SUPER **SUDOKU**

051

	4				7	3		
2	3						9	
		7	6					1
		2		4				6
			5		3			
4				6		5		
7					2	8		
	8						2	5
		9	3				4	

SUPER **SUDOKU**

052

2					4			3
6	4						1	
				6		8		2
		3	4			5		
4			6		2			8
		6			3	7		
1		2		4				
	3						7	1
5			1					9

INFINITY **LEVEL 1**

SUPER **SUDOKU**

053

3			1					4
	8				7			
		9	2		5			
1		3			6	9	5	
	6	5	3			1		2
			4		8	3		
			7				6	
7					3			1

SUPER **SUDOKU**

054

	4			8				
6	3	1		4			8	7
						1	6	
	1	5	9	6				
				7	8	9	5	
	6	7						
1	8			2		4	3	5
				1			7	

SUPER **SUDOKU**

055

5			9		7			8
			2		4			
		2	6		5	7		
4		1				2		9
3		6				4		7
		4	3		2	9		
			8		1			
1			7		9			3

INFINITY **LEVEL 1**

SUPER **SUDOKU**

056

		9		4				
		5	9			1		
1	7			8		4	9	
	5		6					
8		6				3		4
					8		7	
	9	1		3			6	2
		4			5	8		
				2		7		

SUPER **SUDOKU**

057

8	4		6			3		2
				9				6
1					5			
		3						9
	8						2	
7						1		
			3					5
4				5				
5		1			7		4	8

SUPER **SUDOKU**

058

9				8				1
	2	4			3		8	
			2				3	
	6		5		2	1		
7								3
		5	3		9		7	
	8				5			
	9		1			6	4	
4				2				9

SUPER **SUDOKU**

059

2	3						8	4
8	4		3					2
		5			8	6		
	8		1			2		
				6				
		1			2		6	
		2	7			9		
9					3		2	7
7	5						3	8

SUPER **SUDOKU**

060

5	4				8	7		
	8	9						
	1					2	3	8
9				7			8	
			9		4			
	7			5				6
2	3	5					6	
						3	9	
		1	7				4	2

SUPER **SUDOKU**

061

8			9					4
		7		8		1	3	
	2	3				6	9	
6					4			
	8			5			4	
			8					9
	6	5				4	1	
	3	4		7		5		
7					5			3

INFINITY **LEVEL 1**

SUPER **SUDOKU**

062

7	4				8	5		2
		1		9				7
6				2			1	
9								
	6	7				4	8	
								3
	8			3				5
2				6		1		
1		5	9				4	6

SUPER **SUDOKU**

063

6	9			1				5
			3		6			2
		4	7			8		
	7					6	9	
9								3
	6	5					7	
		6			1	3		
7			4		3			
4				6			2	1

INFINITY **LEVEL 1**

SUPER **SUDOKU**

064

8			4					
4					7	1	8	
6				1		5		4
	4						9	6
		7				4		
5	8						2	
3		8		4				5
	5	4	6					8
					1			9

SUPER **SUDOKU**

065

	4		6					1
1		7		5			6	
	9	8						
4				7	2			
	5		1		8		4	
			4	3				5
						6	2	
	8			6		3		4
2					7		5	

SUPER **SUDOKU**

066

	6			4		8		
2		5	7			1		
	7		1				2	6
	2	7			6			
1								2
			3			7	9	
6	8				2		1	
		9			3	2		4
		2		1			5	

SUPER **SUDOKU**

067

2								4
5	7			9			2	8
		8				5		
	4		2		8		3	
9			4		1			7
	3		5		9		4	
		9				2		
8	5			1			6	3
3								5

SUPER **SUDOKU**

068

2								3
5		6		7		8		2
	1	9				6	5	
			1		5			
8			9		7			6
			8		2			
	8	7				2	4	
9		2		1		3		5
3								7

SUPER **SUDOKU**

069

			9					
					4	7		
	7	3	5		1	6		2
6		5	2					1
9								5
3					5	4		7
2		4	1		6	5	7	
		6	7					
					2			

INFINITY **LEVEL 1**

SUPER **SUDOKU**

070

			3	4			2	6
	5			7			8	1
		7				4		
7			1					
8	1			6			4	7
					7			9
		6				2		
2	8			9			6	
3	7			2	8			

SUPER **SUDOKU**

071

	2					8		
5			3		8	6	1	
			7			2	4	3
	4	5			1		2	
	6		8			5	3	
6	5	7			4			
	1	2	6		3			8
		8					6	

SUPER **SUDOKU**

072

8					6		3	9
	2			8			6	4
		3			9			
			5			3		8
	6						1	
3		5			1			
			4			2		
9	3			2			4	
4	5		7					3

SUPER **SUDOKU**

073

	2	1						8
	4		1					
	8	5	9					4
			6			8		
			4	9	2			
		6			5			
7					3	9	8	
					1		7	
4						2	1	

SUPER **SUDOKU**

074

9		4	3					
		5					7	
3	7			6	9			
8			7			2		
		6		1		7		
		2			8			4
			1	9			3	5
	6					9		
					7	6		8

SUPER **SUDOKU**

075

		6	1		5	2	9	
9								
5		8				1		4
6				9				5
			6		3			
8				4				1
1		2				4		9
								3
	4	9	7		8	6		

SUPER **SUDOKU**

076

				1				7
	5			3		8		
			9			3	1	
		2	7	5				
5	7		1		2		8	4
				4	8	2		
	3	5			1			
		1		9			5	
2				7				

INFINITY **LEVEL 1**

SUPER **SUDOKU**

077

4		8		7		6		
	6			2				
1		7			5			8
			6			5		
9	1						3	6
		6			1			
7			8			3		2
				9			1	
		1		3		8		4

SUPER **SUDOKU**

078

	8						2	
2		3	7		1	4		9
				8				
4	7						9	8
		5		7		3		
3	6						4	5
				2				
7		6	8		4	9		3
	3						6	

SUPER **SUDOKU**

079

	1			7			4	
3		5			8			9
		6			2	3	5	
	8	9						
5				2				1
						9	6	
	6	3	2			5		
4			7			8		3
	5			9			7	

SUPER **SUDOKU**

080

5				4	7			1
		1	3					
		6	1			8	4	
1						3	6	
9								7
	4	7						2
	9	4			2	1		
					3	4		
3			4	9				5

SUPER **SUDOKU**

081

2						8	1	5
			6	5		7	2	
	3							
	1			6	5			
		9	7	1	2	5		
			4	8			6	
							7	
	7	5		9	6			
6	2	4						8

SUPER **SUDOKU**

082

8	7					6	1	
6		5						
9		2	8					3
		7	9					1
			1		2			
4					7	8		
2					1	3		6
						5		9
	9	6					2	4

SUPER **SUDOKU**

083

1	9				8	3	6	
7			6	1			5	
	3		4					
				4		6		2
2		1		8				
					7		8	
	8			5	4			1
	7	2	8				4	3

SUPER **SUDOKU**

084

7		9		2				
	2		5					
5		6			3	7		
	3		6		4	1		
6								4
		8	7		5		6	
		7	3			2		5
					9		1	
				4		6		3

SUPER **SUDOKU**

085

1		6				3		5
	4		1		8		7	
7								1
9	7			1			3	8
2	6			7			1	4
4								2
	8		4		3		9	
6		1				8		3

SUPER **SUDOKU**

086

	3			6		9		
		2	4			5		3
5	9		1				2	
						8	3	
7								4
	6	3						
	2				4		9	8
6		4			8	2		
		8		1			4	

SUPER **SUDOKU**

087

9								8
7			2	3	8			9
		2				6		
2			9		3			1
		5	4		2	8		
6			8		7			2
		6				2		
1			5	8	4			6
5								3

SUPER **SUDOKU**

088

1				7	3	9		
	9					3		
			8		9		1	
	6		9	2		8		
	1						6	
		2		6	7		5	
	4		7		6			
		6					4	
		3	2	8				6

SUPER **SUDOKU**

089

4					3			9
				7	2	3		
	3		9		6			
7	1	3				4		
	8						9	
		9				7	5	3
			4		7		8	
		8	5	6				
1			3					5

SUPER **SUDOKU**

090

3		4		2			7	
		2			8		4	5
8		5		9		7	6	
				6				
	7	9		8		1		4
5	9		8			3		
	2			3		9		6

SUPER **SUDOKU**

091

							4	
	2		5			3		
			4			2	7	
		1	2	4		5		
9								3
		8		1	7	4		
	7	2			8			
		4			2		6	
	6							

SUPER **SUDOKU**

092

		9			3	1		5
		1	7			4		9
			9			3		
							4	
	6		1		8		3	
	2							
		4			6			
5		3			7	9		
7		6	3			8		

SUPER **SUDOKU**

093

4							3	5
5	1		2	3		8		
	3				4			
	8	4					1	
7				9				6
	6					3	5	
			5				9	
		7		2	6		8	3
8	4							1

SUPER **SUDOKU**

094

7	1				5			9
4					8			3
8	3			7				
						2		5
		4				3		
1		9						
				6			5	1
9			8					4
3			9				2	7

INFINITY **LEVEL 1**

SUPER **SUDOKU**

095

	6	2	4	7		8		
								9
		1	5			2		
			7				2	1
	2		1		6		8	
1	8				5			
		7			2	3		
2								
		9		4	3	6	7	

SUPER **SUDOKU**

096

	9					5	3	
1					4			9
				8	2			1
					7	8	4	
		1				3		
	2	3	4					
9			2	4				
5			6					8
	3	6					5	

SUPER **SUDOKU**

097

		3						
7	1				5			3
4				3	8			6
						2		4
8		4	9		2	6		7
3		7						
5			6	7				2
2			5				6	8
						1		

SUPER **SUDOKU**

098

				9			7	
8		4	5		7	1		
	1				4		5	
	7	6					8	
2								1
	8					5	6	
	5		7				1	
		7	3		1	2		5
	3			6				

SUPER **SUDOKU**

099

9			4			8		2
	2						1	
1		8			2	6		
		2	7		9			6
				1				
8			3		6	5		
		7	8			2		3
	4						5	
3		9			5			1

SUPER **SUDOKU**

100

			2					
		6		9	4			7
		2	7			6	9	5
		8			1			
	7						4	
			6			1		
1	8	5			6	3		
3			1	4		7		
					2			

SUPER **SUDOKU**

101

6		2						
		4			5		8	
7			8		1			
1			7					9
	7		3		6		2	
2					9			7
			9		3			2
	2		5			4		
						5		3

SUPER **SUDOKU**

102

				2				
1	7						3	2
		3				5		
	3	2	4		1	9	5	
			2		3			
	1	9	6		8	2	7	
		7				1		
3	2						4	8
				8				

SUPER **SUDOKU**

103

	1	7			8		5	
9							1	
8		4	9					
1			7	2	9			
7								9
			8	5	3			1
					4	8		3
	8							5
	3		5			1	4	

SUPER **SUDOKU**

104

		2	6				8	5
	1		2					9
5			9			3		
3	7	5	4					
				7				
					6	5	9	7
		8			4			6
9					8		5	
2	5				9	7		

SUPER **SUDOKU**

105

		8			7			
	6		9				5	
		5			2	1		3
3		4					7	
				6				
	8					2		4
1		9	2			7		
	7				4		6	
			8			4		

SUPER **SUDOKU**

106

7			3				5	6
9				6		4		
	5		8	7				
						7		1
	3	1		2		8	6	
8		5						
				9	3		1	
		2		5				3
3	6				1			7

SUPER **SUDOKU**

107

	4		1			9	8	
2	1		4					6
				9				4
8	5							
		4				2		
							5	7
9				4				
1					7		4	2
	8	3			2		6	

INFINITY **LEVEL 2**

SUPER **SUDOKU**

108

					4	5		
	2		8			4	3	
4	3	5				9		
7			6		2		9	
				1				
	4		7		9			3
		7				2	5	4
	5	8			1		7	
		4	5					

SUPER **SUDOKU**

109

	5	2	3					
6						3	1	
					5	2	6	4
3					4			
	8						9	
			1					2
8	1	7	4					
	6	5						8
					6	1	7	

SUPER **SUDOKU**

110

9				7	4	6		2
		8				1		
1	2						5	
3				4				
7			2		3			9
				5				7
	9						7	8
		3				9		
2		7	4	8				1

SUPER **SUDOKU**

111

	9		8	5				
1	8							3
7							8	2
		7	9			8	2	5
9	1	5			2	3		
5	7							1
3							9	8
				4	1		6	

SUPER **SUDOKU**

112

	9			4			8	
7					3			6
		3	1			9		
		8		6	4		9	
2			8		9			5
	6		3	1		4		
		9			1	8		
3			6					2
	8			3			5	

SUPER **SUDOKU**

113

	5		1		7		8	
4								2
		2		3		6		
5			3		6			7
		8		4		5		
7			2		5			9
		7		5		9		
9								8
	4		9		2		3	

INFINITY **LEVEL 2**

SUPER **SUDOKU**

114

	1		7		2		8	
		6				1		
8			1		5			6
7	9						6	2
			2		9			
5	2						4	3
9			6		3			4
		3				6		
	6		9		8		3	

SUPER **SUDOKU**

115

		9	6					
	4			2	3		6	
				7				8
	5			6				1
	7	3	1		8	6	2	
9				4			7	
6				8				
	8		2	3			5	
					6	4		

INFINITY **LEVEL 2**

SUPER **SUDOKU**

116

		9	4	1				
		8						
			2		9		4	6
		3	7		5	6		2
4								7
9		7	3		6	4		
2	9		6		4			
						5		
				3	1	2		

INFINITY **LEVEL 2**

SUPER **SUDOKU**

117

							4	
5	6				4	9	8	
	3	4			8	5		
	1	9	4		3			
			5		9	2	1	
		8	1			6	3	
	4	1	6				2	5
	7							

SUPER **SUDOKU**

118

	1	8			5			3
2					6	5		
6							8	
			7		3		9	2
				4				
9	8		5		1			
	6							7
		2	3					4
4			2			3	1	

INFINITY **LEVEL 2**

SUPER **SUDOKU**

119

	9					2	3	
		5						8
	8				2		7	
			7			1		
	1	4	3		8	5	6	
		8			4			
	6		2				9	
5						7		
	7	1					5	

SUPER **SUDOKU**

120

8	9		5					7
		7		6				9
					3		2	
		6	3		8			5
	5			9			6	
9			6		1	8		
	8		1					
3				8		2		
7					6		8	4

SUPER **SUDOKU**

121

2			5					
	7		8				5	3
	6				9	8		
	2		1		7			
		1		5		7		
			3		4		6	
		8	9				4	
7	5				3		1	
					5			8

SUPER **SUDOKU**

122

2			8		9			3
		9		1				
		4	2			6	9	
6						4		9
	2						5	
4		5						7
	1	3			2	9		
				5		2		
5			9		7			8

SUPER **SUDOKU**

123

5			7			2		8
	2			6	3		7	
6				1				
	8							6
	5	6				4	3	
4							8	
				5				2
	6		3	7			9	
8		5			1			3

SUPER **SUDOKU**

124

	5	1			9			
								1
		2	1	8		4		9
7				4		6		
		8	6		3	1		
		3		1				4
3		4		2	1	5		
8								
			9			2	4	

SUPER **SUDOKU**

125

	6	9			7	8		
				8				9
1								6
7		6			1	4		
		4				6		
		3	8			2		7
4								8
3				1				
		2	5			7	1	

SUPER **SUDOKU**

126

			9	1				6
							7	
		9	6		2	8		
3		4	8			6		
2								5
		1			7	4		3
		6	4		3	5		
	9							
4				9	6			

SUPER **SUDOKU**

127

	7	9	1				5	
			5				6	4
				8				2
			2		5	7		
				4				
		1	9		7			
7				9				
2	6				3			
	9				1	5	8	

SUPER **SUDOKU**

128

1				5	7			9
	7						5	8
9						3		
		2			8			5
5	9			6			2	4
4			2			9		
		9						2
8	1						9	
6			1	9				3

SUPER **SUDOKU**

129

						2	7	
		9					6	
5	6		2			1		
		1		3			2	
4			7		1			9
	8			4		6		
		8			9		4	2
	5					7		
	3	2						

SUPER **SUDOKU**

130

1	2		4	3				6
		4				2		9
	5						4	
			7		9			3
7				4				5
9			3		6			
	9						1	
2		1				6		
3				2	8		5	4

SUPER **SUDOKU**

131

7				3			5	6
			7	1			8	4
					4			
	7		4			2		
2	3						6	8
		1			7		4	
			9					
8	6			7	5			
3	5			4				9

SUPER **SUDOKU**

132

	5	8			9		1	
6					1			8
			8	4				3
5	6					1		
		9		1		4		
		1					6	7
8				3	7			
9			2					1
	3		9			7	2	

SUPER **SUDOKU**

133

							2	
3		5	8		4			
8		9					1	
	6		2			5		
			9	7	8			
		4			1		8	
	8					1		9
			5		7	6		3
	5							

SUPER **SUDOKU**

134

		6		2				
	4				9		7	
		9		3	1	8		6
	8	2						
5		7				1		9
						5	8	
2		8	3	9		4		
	5		8				3	
				5		7		

SUPER **SUDOKU**

135

	2	8		5				
		9	4				3	
7		1	6					
					1			5
	1						8	
6			7					
					2	7		9
	5				4	6		
				9		5	4	

SUPER **SUDOKU**

136

				9		2	6	
6						1		
9	1		3		6			
		1	8		9	6		
2				5				3
		9	2		3	4		
			9		8		4	7
		4						1
	5	8		2				

SUPER **SUDOKU**

137

			8		5	1		
			2	1		4		
6	1			4				
8							9	6
	5	3				8	1	
4	6							3
				5			7	1
		7		6	1			
		5	7		9			

SUPER **SUDOKU**

138

		9			8		2	
7			6					
		8		2		6		5
2				6			3	
		6	4	9	2	7		
	4			3				6
1		5		8		9		
					3			1
	7		9			8		

SUPER **SUDOKU**

139

6	7				4	1		
9		2						
	8		7	3				9
		5		7				6
		8	6		3	9		
7				1		8		
4				6	5		8	
						2		4
		1	2				9	3

SUPER **SUDOKU**

140

2	7			6				8
	5				8		3	6
			5	7				
	2					3		
8		1				5		7
		3					8	
				9	2			
9	1		7				6	
6				3			2	5

SUPER **SUDOKU**

141

1			4					2
		7	1			6		
	5		7	2			4	
						8	6	7
		6				3		
7	3	5						
	7			6	5		9	
		9			1	4		
5					9			6

INFINITY **LEVEL 2**

SUPER **SUDOKU**

142

	9	7	5		3	6	1	
				6				
5								3
	3		1		9		6	
	2						9	
	5		6		4		3	
9								4
				1				
	6	3	2		7	5	8	

SUPER **SUDOKU**

143

	4	9	1					
			9	3				6
		3		7		9		8
							4	1
	1	6		4		5	9	
9	7							
2		7		9		8		
4				2	6			
					3	1	2	

SUPER **SUDOKU**

144

		1						
					9	2	3	
9			8	6			7	
		3	7		8		1	
		7				5		
	8		9		4	3		
	4			8	3			5
	1	9	4					
						6		

SUPER **SUDOKU**

145

	6		8		7		9	
		9		5				
	2			1				5
1		4			2			8
		3				1		
6			1			7		3
5				4			3	
				6		4		
	4		3		1		5	

SUPER **SUDOKU**

146

	3							4
2		7			6			5
4	1	6	5					
3				9				
			6		3			
				8				1
					7	3	1	9
7			1			6		8
6							5	

SUPER **SUDOKU**

147

		5		2	8		7	
7	2						8	
			4					5
1			7		4	3		
6								9
		8	9		2			1
4					7			
	6						9	7
	5		3	1		8		

SUPER **SUDOKU**

148

	4							
	3		9			1		4
			6	4		3		
6			1			2		9
		8				5		
4		3			5			1
		7		8	9			
3		9			7		5	
							7	

SUPER **SUDOKU**

149

1				2			8	5
8	9		7				1	
		3				7		
			8		7		6	
7				5				8
	2		1		4			
		9				2		
	3				9		5	1
2	1			8				9

SUPER **SUDOKU**

150

	5							
9	6	2			7			
				8	1		2	
1	4			7	2			9
7			6	3			8	4
	8		5	4				
			7			6	4	3
							9	

SUPER **SUDOKU**

151

	1		2	8			4	
9				3				1
		4	1			5		
						1		5
5	9						8	2
3		1						
		2			8	7		
6				5				4
	7			9	1		5	

SUPER **SUDOKU**

152

		9		5		8		
					4		2	
1				2	9			6
						4	6	
3		7		1		2		8
	4	1						
4			1	8				3
	8		5					
		2		6		5		

INFINITY **LEVEL 2**

SUPER **SUDOKU**

153

			6			3		1
	2		5	1			8	
			8					9
4	9	3			7			
	5			3			7	
			9			1	4	3
2					1			
	7			8	9		1	
8		5			6			

SUPER **SUDOKU**

154

				1		2	9	
9		2	4	6				
5					3		8	
		9					6	
6	7						3	2
	4					8		
	5		1					7
				3	7	5		8
	2	3		5				

INFINITY **LEVEL 2**

SUPER **SUDOKU**

155

1						8		
		4					7	
	9		6	4				2
		5	4	1				
		1	8		9	6		
				2	3	5		
3				9	4		6	
	5					7		
		8						3

SUPER **SUDOKU**

156

				2		6	3	
7			1					
9		6	8			4		
			3		2	1	6	
2								4
	7	3	9		1			
		1			5	8		6
					8			3
	2	8		9				

INFINITY **LEVEL 2**

SUPER **SUDOKU**

157

		4	9		1		3	
8		1	3					
				6			9	7
3							8	1
		6				2		
2	1							5
7	6			4				
					8	7		9
	3		5		7	4		

SUPER **SUDOKU**

158

			1	3	2			
		2		5		3		
3		8				5		9
	7	6				2	9	
	2	3				1	7	
6		1				7		5
		5		7		9		
			8	4	5			

SUPER **SUDOKU**

159

6	3			7			4	9
		8				6		
	9			6			8	
	5		7		2		3	
3								2
	8		4		1		9	
	1			2			6	
		5				1		
4	6			9			5	8

SUPER **SUDOKU**

160

6						2		7
	2			9		5	6	
7	5		6					
				8		7		
	8		2		9		5	
		5		1				
					1		8	6
	1	4		6			7	
3		8						4

SUPER **SUDOKU**

161

			5	4		8		7
			7		2	4		
							5	2
3	1		9				4	
7				6				9
	6				4		3	5
9	8							
		7	8		6			
1		2		5	7			

SUPER **SUDOKU**

162

	6	4	8					
		1	4		5			6
				6			2	4
	3						9	2
		8				6		
9	7						4	
7	1			8				
6			5		7	9		
					9	4	3	

INFINITY **LEVEL 2**

SUPER **SUDOKU**

163

1			9			5		3
			1			4		
6	3			4	7			
		1					4	5
		9				6		
8	2					9		
			5	7			2	4
		2			3			
5		4			6			9

SUPER **SUDOKU**

164

			5					6
5		4		6			2	
	6						5	
3			2				1	
			6		9			
	7				4			8
	8						9	
	3			5		7		1
6					3			

SUPER **SUDOKU**

165

					8	2	4	
			3		9			
		5					3	7
9								5
6			7	5	1			8
3								6
2	6					1		
			1		7			
	1	4	8					

INFINITY **LEVEL 2**

SUPER **SUDOKU**

166

		5	8				2	
	6						4	7
9		4			6			
8			2		7	6		
				1				
		2	6		5			9
			3			2		5
6	3						1	
	2				1	4		

SUPER **SUDOKU**

167

			8		6		9	
	9	6						
7						6	4	
1			7			5	6	
			3		2			
	2	4			9			3
	7	8						6
						3	8	
	1		4		5			

SUPER **SUDOKU**

168

				2	7	9		
			4	3				
3		8	6			2		
8						6	2	
9	3						1	4
	5	2						9
		1			6	3		5
				8	4			
		3	9	1				

SUPER **SUDOKU**

169

		7			6		2	
				9				1
8		9			1			
						1		8
		1	2	4	7	6		
5		6						
			5			9		7
6				1				
	4		6			8		

SUPER **SUDOKU**

170

			2		4			
		7			5	6		
	9			1			8	
4	8		3		1			7
		3				2		
5			8		7		3	9
	1			7			5	
		6	4			8		
			1		3			

SUPER **SUDOKU**

171

				1		4	3	
		9	8					2
	2			5	7	9		6
	7					1		
3		4				7		5
		5					9	
2		8	7	6			4	
4					3	2		
	3	7		2				

SUPER **SUDOKU**

172

	6				7			
		4				9		
8					5		2	4
	4		1	9		3		
		7		5	2		6	
1	3		4					9
		2				5		
			5				3	

SUPER **SUDOKU**

173

4			5			3		9
	6			7				
					2		4	1
9			3			1		5
		5				4		
6		4			5			3
8	9		1					
				2			1	
3		1			6			7

SUPER **SUDOKU**

174

	2	1	8					4
9						7		
7		3			6		8	
1					3	6		
		5	4					9
	1		7			4		5
		2						6
3					2	8	1	

SUPER **SUDOKU**

175

1		4		8				6
					6			
			5	4	9			7
	8	1				9		
5		6		1		4		8
		9				2	1	
8			2	9	7			
			4					
9				5		3		4

SUPER **SUDOKU**

176

			8			4		7
	7							2
		8					3	1
4	2		6	3				
8				4				3
				5	7		2	4
6	5					9		
7							4	
1		3			5			

SUPER **SUDOKU**

177

	5		7	4		8	6	3
		4				1		
	6		9					
				3		2		
		7	6		4	5		
		5		8				
					2		1	
		6				3		
5	8	1		9	6		4	

SUPER **SUDOKU**

178

7				3	1			
		1	8				7	
	6				9	1		
	1					9		4
3				2				5
9		4					3	
		2	7				6	
	9				8	3		
			2	1				7

SUPER **SUDOKU**

179

							9	
4	7					6	2	
	5	8	6		2	3		
		1	7		6	9		
				3				
		5	9		1	7		
		6	8		4	5	1	
	2	7					3	6
	1							

SUPER **SUDOKU**

180

		9			8		5	
5				4				
		2	6	1		3		4
3						2		
	5	8		3		9	7	
		7						5
7		4		9	6	5		
				8				7
	8		1			4		

INFINITY **LEVEL 3**

SUPER **SUDOKU**

181

3					4			
		4			7		2	9
8			2		1			4
			5			4		
1	5						9	3
		8			3			
2			1		8			7
4	6		7			1		
			4					5

SUPER **SUDOKU**

182

		9		1		5		
				9	8			
1			5					7
	2		6		3	1		
6	7						4	8
		5	8		2		3	
5					6			9
			7	8				
		6		2		8		

INFINITY **LEVEL 3**

SUPER **SUDOKU**

183

1		4			9			8
								7
3			8		5			
			4			2		
	4	5	7		3	8	1	
		8			2			
			2		1			6
7								
8			6			3		1

SUPER **SUDOKU**

184

7				6			4	
6		2		5			9	
			8					
	3				5		2	
4								7
	5		9				1	
					2			
	4			7		1		3
	7			1				4

SUPER **SUDOKU**

185

8				4			1	7
	6			1	3			4
						5		
		5		2				9
	9	1				6	2	
4				6		7		
		7						
5			7	3			6	
2	3			5				1

SUPER **SUDOKU**

186

		6	2					4
1		3		7				
				6	1	7		
5					6	3	1	
3			5		9			2
	8	1	7					5
		7	1	9				
				8		2		1
8					7	6		

INFINITY **LEVEL 3**

SUPER **SUDOKU**

187

8					4			5
		7			9			
	9	2		5				
4		3	9	8				
2			7		1			6
				6	2	4		9
				1		3	6	
			5			8		
1			4					2

SUPER **SUDOKU**

188

	6		2					3
2				5			9	
		3	6	8				
5		9						
	8	6				4	2	
						6		1
				6	5	7		
	7			9				5
8					1		6	

INFINITY **LEVEL 3**

SUPER **SUDOKU**

189

		6	5			2	9	
	7	8						4
5	3		4					1
1		7	9					
				7				
					1	7		5
9					4		1	7
8						9	2	
	2	5			9	4		

SUPER **SUDOKU**

190

2		1			6		8	
3	9		5					
					1			6
				7		9	5	
4								1
	3	9		2				
9			6					
					9		7	3
	4		3			1		8

SUPER **SUDOKU**

191

	7			2		1		
		1				8		5
2			1	3			4	
5		7	3					
					4	9		3
	8			6	9			4
4		6				5		
		3		7			9	

SUPER **SUDOKU**

192

	3	4		8				
5				6				
1	2	6			4			
	6		8			5		
		2	9		1	4		
		1			7		9	
			4			1	3	2
				3				9
				1		7	6	

INFINITY **LEVEL 3**

SUPER **SUDOKU**

193

	7				5		9	
4				8				5
		6	3			7		
8			1		6	5		
	6			3			8	
		5	9		8			1
		8			3	9		
3				4				8
	1		8				3	

SUPER **SUDOKU**

194

	9		5		3		4	
				9				
		3	1	4	7	8		
		7				4		
1	2						3	9
		6				2		
		9	4	7	6	1		
				3				
	4		9		8		5	

SUPER **SUDOKU**

195

8	7				6		1	5
9	3			1			6	2
5			6		4			
	4			7			9	
			2		1			6
1	6			3			2	9
7	2		5				4	3

SUPER **SUDOKU**

196

9			5	3				8
		7	2		9			
	5			1				
6	3						7	
2		8		6		3		5
	7						4	6
				8			6	
			3		1	2		
7				9	5			3

SUPER **SUDOKU**

197

2	7						5	6
3				8	6			7
			1					
	6		3		5	9		
	3			4			6	
		7	2		8		1	
					4			
5			6	2				1
7	4						2	3

SUPER **SUDOKU**

198

			3	4		1		
		4			7			
5			8		2		4	
	4	3				6		7
8								3
9		5				4	1	
	2		7		8			9
			9			7		
		8		6	5			

SUPER **SUDOKU**

199

			6		7		2	
							9	
	6	4		5		3		
6			1			2	5	
2		1				9		4
	9	8			5			1
		6		4		1	7	
	7							
	8		7		2			

SUPER **SUDOKU**

200

	3	8				7	9	
		5	3		9	8		
9								6
			8	2	5			
		9		3		5		
			6	9	7			
7								3
		3	9		1	4		
	1	4				9	8	

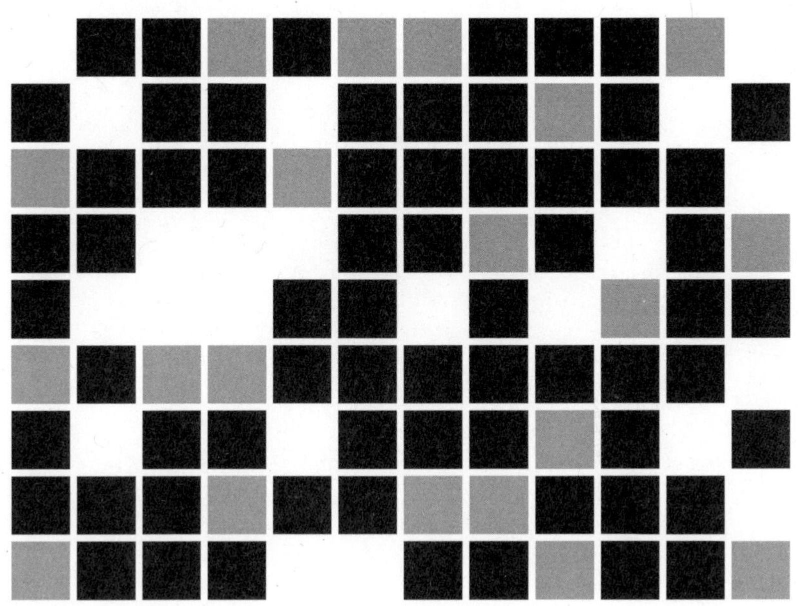

SUPER **SUDOKU** INFINITY

SOLUTION

SUPER **SUDOKU**

001

8	**1**	5	**6**	2	9	7	**3**	**4**
3	2	7	**8**	4	1	**6**	9	5
6	9	**4**	5	**7**	3	8	1	2
9	5	**1**	4	6	7	3	**2**	**8**
4	8	2	**9**	3	**5**	1	7	6
7	**3**	6	2	1	8	**5**	4	9
5	4	3	7	**8**	2	**9**	6	1
1	6	**9**	3	5	**4**	2	8	**7**
2	**7**	8	1	9	**6**	4	**5**	3

002

1	**3**	6	**5**	7	2	4	8	**9**
8	4	**7**	**1**	**9**	3	**6**	2	**5**
9	5	2	6	8	4	3	**7**	1
7	8	3	**9**	5	**1**	2	4	**6**
5	6	**1**	4	**2**	7	**9**	3	8
4	2	9	**3**	6	**8**	1	5	7
6	**1**	8	2	3	5	7	9	**4**
2	9	**5**	7	**4**	**6**	**8**	1	3
3	7	4	8	1	**9**	5	**6**	2

003

8	4	**9**	**5**	**7**	**2**	1	6	3
5	**1**	7	6	4	**3**	2	**8**	9
6	2	3	1	**8**	9	5	4	**7**
1	**7**	8	3	9	6	4	2	**5**
3	6	**5**	7	**2**	4	**8**	9	**1**
4	9	2	8	5	1	3	**7**	**6**
2	3	4	9	**1**	7	6	5	8
9	**8**	1	**4**	6	5	7	**3**	2
7	5	6	**2**	**3**	**8**	**9**	1	4

004

9	8	**7**	4	5	**3**	**6**	1	2
5	**6**	3	2	9	**1**	**4**	8	**7**
1	4	2	6	**7**	8	9	3	**5**
6	5	1	7	8	**4**	3	2	**9**
3	7	8	**9**	2	**5**	1	4	6
2	9	4	**1**	3	6	5	7	8
7	2	6	3	**4**	9	8	5	1
4	1	**5**	**8**	6	2	7	**9**	3
8	3	**9**	**5**	1	7	**2**	6	**4**

SUPER **SUDOKU**

005

2	**5**	**7**	6	8	3	**9**	**1**	4
8	9	6	5	**4**	1	3	7	**2**
4	3	1	**2**	9	**7**	8	5	6
9	7	**3**	4	**1**	5	**6**	2	8
6	8	5	**3**	2	**9**	7	4	1
1	2	**4**	8	**7**	6	**5**	3	9
5	4	9	**7**	6	**2**	1	8	3
7	1	8	9	**3**	4	2	6	**5**
3	**6**	**2**	1	5	8	**4**	**9**	7

006

7	**8**	**5**	**3**	**9**	2	4	1	6
4	1	**3**	7	5	6	2	9	**8**
9	2	6	8	4	**1**	3	**7**	**5**
2	6	**9**	**1**	3	**4**	8	5	**7**
8	5	4	2	7	9	6	3	**1**
1	3	7	**6**	8	**5**	**9**	2	4
5	**4**	2	**9**	1	8	7	6	3
3	9	1	4	6	7	**5**	8	2
6	7	8	5	**2**	**3**	**1**	**4**	9

007

7	**1**	2	5	3	6	8	4	**9**
8	5	4	1	9	**2**	6	7	3
9	**6**	**3**	7	4	8	**2**	**1**	5
2	**7**	**6**	**3**	1	**4**	**5**	9	8
5	3	9	6	**8**	7	4	2	1
4	8	**1**	**2**	5	**9**	**7**	**3**	6
6	**9**	**5**	4	2	3	**1**	**8**	7
1	4	8	**9**	7	5	3	6	**2**
3	2	7	8	6	1	9	**5**	4

008

9	5	7	6	**2**	**4**	3	1	8
8	1	2	**7**	3	9	**6**	4	5
6	**4**	**3**	**1**	8	**5**	**9**	2	7
5	9	**8**	4	6	2	**7**	**3**	1
1	2	4	9	7	3	5	8	**6**
3	**7**	**6**	5	1	8	**2**	9	**4**
2	6	**5**	**3**	4	**1**	**8**	**7**	9
4	8	**9**	2	5	**7**	1	6	3
7	3	1	**8**	**9**	6	4	5	2

SUPER **SUDOKU**

009

1	7	**3**	4	2	**5**	**6**	**9**	8
2	**6**	5	9	8	3	7	**4**	1
4	9	8	1	**7**	6	3	5	**2**
6	1	2	**5**	4	**7**	8	3	9
3	8	**9**	2	6	1	**5**	7	4
7	5	4	**3**	9	**8**	2	1	**6**
5	4	6	7	**1**	2	9	8	**3**
8	**3**	1	6	5	9	4	**2**	**7**
9	**2**	**7**	**8**	3	4	**1**	6	5

010

7	9	4	5	**3**	**6**	8	2	1
1	8	3	**2**	9	7	**4**	5	6
6	**2**	**5**	1	**4**	8	**9**	7	3
3	6	2	**4**	7	**5**	1	**8**	9
8	4	**1**	6	2	9	**7**	3	**5**
5	**7**	9	**3**	8	**1**	6	4	**2**
2	3	**6**	8	**1**	4	**5**	**9**	7
4	1	**7**	9	5	**2**	3	6	8
9	5	8	**7**	**6**	3	2	1	4

011

5	**8**	3	**6**	9	1	2	**7**	4
2	**9**	1	7	3	**4**	8	**6**	**5**
7	4	6	8	**2**	5	3	1	9
3	**1**	4	**5**	8	**7**	6	9	**2**
6	5	**7**	9	4	2	**1**	8	3
8	2	9	**3**	1	**6**	4	**5**	7
9	6	8	4	**7**	3	5	2	1
4	**7**	2	**1**	5	8	9	**3**	**6**
1	**3**	5	2	6	**9**	7	**4**	8

012

9	2	**5**	6	4	1	3	8	**7**
7	1	3	2	**5**	**8**	**4**	6	9
6	**4**	8	**7**	3	9	5	1	**2**
4	**9**	6	**3**	2	**7**	**1**	5	8
1	**5**	2	9	**8**	4	7	**3**	6
3	8	**7**	**1**	6	**5**	2	**9**	4
8	7	4	5	1	**6**	9	**2**	3
2	6	**1**	**4**	**9**	3	8	7	5
5	3	9	8	7	2	**6**	4	**1**

SUPER **SUDOKU**

013

5	8	**9**	**2**	**7**	**1**	6	4	**3**
3	6	2	9	5	**4**	7	**1**	8
4	7	1	8	**6**	3	9	2	**5**
6	**2**	8	**5**	4	7	1	3	**9**
1	3	7	6	2	9	8	5	**4**
9	4	5	3	1	**8**	2	**7**	6
8	9	4	1	**3**	2	5	6	7
7	**1**	6	**4**	8	5	3	9	2
2	5	3	**7**	**9**	**6**	**4**	8	1

014

7	5	**8**	**4**	**1**	**3**	**9**	6	2
1	9	3	**8**	2	6	5	4	7
4	6	2	5	7	**9**	1	3	**8**
5	4	**9**	3	8	2	7	**1**	**6**
3	7	1	9	**6**	5	8	2	**4**
2	**8**	6	7	4	1	**3**	5	**9**
9	1	4	**2**	3	8	6	7	**5**
6	2	5	1	9	**7**	4	8	3
8	3	**7**	**6**	**5**	**4**	**2**	9	1

015

8	9	7	4	6	**3**	**5**	**2**	1
2	1	**4**	7	8	5	**6**	9	3
6	5	**3**	**9**	**1**	2	8	4	7
7	4	**5**	**6**	2	1	9	3	**8**
3	2	1	8	9	4	7	5	**6**
9	8	6	5	3	**7**	**2**	1	4
4	6	9	1	**5**	**8**	**3**	7	2
1	3	**8**	2	7	9	**4**	6	**5**
5	**7**	**2**	**3**	4	6	1	8	9

016

1	9	8	**3**	**5**	7	**4**	**6**	2
7	2	4	6	1	9	8	5	3
3	5	**6**	**8**	4	2	**9**	7	1
5	1	7	2	**3**	8	**6**	9	**4**
6	4	3	**1**	9	**5**	2	8	**7**
9	8	**2**	4	**7**	6	3	1	5
2	7	**1**	9	8	**4**	**5**	3	**6**
4	3	9	5	6	1	7	2	**8**
8	**6**	**5**	7	**2**	**3**	1	4	9

SUPER **SUDOKU**

017

7	4	9	2	3	8	6	5	1
1	6	3	5	4	7	2	8	9
8	2	5	1	6	9	4	3	7
3	5	7	8	2	6	9	1	4
4	9	2	3	7	1	8	6	5
6	1	8	4	9	5	7	2	3
5	3	4	9	8	2	1	7	6
2	7	1	6	5	4	3	9	8
9	8	6	7	1	3	5	4	2

018

8	9	7	3	6	4	2	1	5
3	6	2	5	1	9	7	8	4
5	1	4	2	8	7	3	9	6
1	8	5	4	2	6	9	7	3
9	4	6	7	3	8	1	5	2
7	2	3	9	5	1	4	6	8
6	5	9	1	4	2	8	3	7
4	3	1	8	7	5	6	2	9
2	7	8	6	9	3	5	4	1

019

1	3	9	2	6	4	7	8	5
8	4	5	9	3	7	6	2	1
2	7	6	5	1	8	4	3	9
3	1	2	6	9	5	8	4	7
7	5	4	3	8	1	9	6	2
9	6	8	7	4	2	1	5	3
4	9	3	1	5	6	2	7	8
5	8	7	4	2	9	3	1	6
6	2	1	8	7	3	5	9	4

020

6	7	2	1	4	9	8	3	5
1	3	8	7	5	6	4	9	2
9	5	4	3	8	2	1	7	6
5	4	1	9	2	8	3	6	7
7	8	6	5	1	3	9	2	4
3	2	9	4	6	7	5	8	1
8	1	3	6	7	5	2	4	9
4	9	7	2	3	1	6	5	8
2	6	5	8	9	4	7	1	3

SUPER **SUDOKU**

021

2	5	4	**3**	6	**8**	7	9	**1**
7	8	**9**	1	2	**5**	3	4	6
1	3	**6**	4	9	**7**	**2**	**5**	8
9	**7**	**3**	8	5	2	6	1	**4**
6	2	8	7	1	4	5	3	9
4	1	5	9	3	6	**8**	**7**	**2**
8	**9**	**7**	**6**	4	3	**1**	2	5
5	6	1	**2**	7	9	**4**	8	3
3	4	2	**5**	8	**1**	9	6	**7**

022

4	1	9	**7**	2	**8**	3	**6**	**5**
7	**5**	2	9	**6**	3	8	4	**1**
3	8	**6**	1	5	4	7	2	9
5	6	1	**2**	9	**7**	4	3	**8**
9	**3**	8	6	**4**	5	1	**7**	2
2	4	7	**3**	8	**1**	5	9	**6**
1	2	5	4	3	6	**9**	8	7
8	9	3	5	**7**	2	6	**1**	4
6	**7**	4	**8**	1	**9**	2	5	**3**

023

7	9	**8**	6	5	2	**3**	1	4
3	2	1	**8**	7	**4**	9	6	**5**
4	**6**	5	**1**	3	**9**	7	**8**	2
5	3	6	**4**	2	**7**	8	9	**1**
2	7	**9**	3	8	1	**4**	5	6
1	8	4	**5**	9	**6**	2	7	**3**
6	**1**	7	**9**	4	**3**	5	**2**	8
9	5	3	**2**	1	**8**	6	4	**7**
8	4	**2**	7	6	5	**1**	3	9

024

5	**8**	3	2	1	**7**	4	**9**	6
6	1	9	**5**	4	3	2	8	**7**
7	4	**2**	8	**9**	6	**3**	5	1
3	5	7	**4**	8	**1**	9	**6**	2
4	9	**1**	3	6	2	**8**	7	5
8	**2**	6	**7**	5	**9**	1	4	**3**
2	7	**5**	9	**3**	4	**6**	1	8
1	3	4	6	7	**8**	5	2	**9**
9	**6**	8	**1**	2	5	7	**3**	4

SUPER **SUDOKU**

025

8	4	7	**5**	1	2	**9**	**6**	**3**
1	**9**	6	7	4	**3**	2	**5**	8
3	2	5	6	8	9	1	4	7
2	**5**	8	**9**	6	**1**	7	3	**4**
4	1	3	8	**7**	5	6	2	9
6	7	9	**2**	3	**4**	5	**8**	1
9	8	1	3	2	6	4	7	**5**
5	**3**	2	**4**	9	7	8	**1**	**6**
7	**6**	**4**	1	5	**8**	3	9	**2**

026

2	6	**4**	**9**	5	7	3	1	**8**
7	3	1	8	6	4	**5**	**2**	**9**
9	8	**5**	**1**	3	2	7	4	6
8	4	3	6	**2**	5	1	9	7
5	**1**	**2**	7	8	9	**6**	**3**	**4**
6	7	9	4	**1**	3	2	8	**5**
1	9	6	2	7	**8**	**4**	5	3
4	**5**	**7**	3	9	1	8	6	**2**
3	2	8	5	4	**6**	**9**	7	1

027

7	8	**6**	3	5	**2**	4	**1**	9
1	**5**	3	**7**	9	4	**6**	2	8
4	2	9	**8**	1	6	**5**	7	**3**
5	9	1	4	**3**	8	2	6	**7**
3	7	**4**	**6**	2	**5**	**8**	9	1
8	6	2	9	**7**	1	3	5	**4**
9	4	**5**	2	8	**7**	1	3	**6**
6	1	**7**	5	4	**3**	9	**8**	2
2	**3**	8	**1**	6	9	**7**	4	5

028

2	5	4	8	9	**6**	**1**	**3**	7
6	1	8	5	3	**7**	**4**	9	2
9	7	**3**	1	2	4	5	6	**8**
4	8	6	3	**1**	9	7	**2**	**5**
3	**2**	5	6	7	8	9	**1**	4
7	**9**	1	2	**4**	5	6	8	**3**
5	3	9	4	6	2	**8**	7	**1**
1	4	**7**	**9**	8	3	2	5	6
8	**6**	**2**	**7**	5	1	3	4	9

SUPER **SUDOKU**

029

4	9	5	6	8	2	7	**3**	1
6	8	**7**	9	1	**3**	5	**4**	**2**
3	**2**	1	**5**	4	7	**6**	9	8
5	1	**6**	7	**3**	4	8	**2**	9
7	4	8	**1**	**2**	**9**	3	5	6
2	**3**	9	8	**6**	5	**1**	7	4
1	7	**4**	2	5	**8**	9	**6**	3
9	**6**	3	**4**	7	1	**2**	8	5
8	**5**	2	3	9	6	4	1	**7**

030

5	**1**	9	4	**3**	6	**8**	7	**2**
4	3	8	7	**9**	**2**	6	1	**5**
7	6	2	5	**8**	1	9	4	**3**
3	7	1	2	5	8	4	**6**	**9**
6	**8**	5	9	7	4	2	**3**	1
2	**9**	4	1	6	3	5	8	7
9	4	3	6	**1**	5	7	2	**8**
8	2	7	**3**	**4**	9	1	5	6
1	5	**6**	8	**2**	7	3	**9**	4

031

8	5	**2**	4	**9**	**7**	**3**	1	6
4	7	3	**1**	6	2	8	9	5
1	9	**6**	3	5	8	**7**	4	**2**
7	2	9	**5**	8	**1**	4	**6**	3
5	6	4	2	**7**	3	1	8	**9**
3	**1**	8	**6**	4	**9**	5	2	**7**
6	4	**1**	9	3	5	**2**	7	**8**
9	8	5	7	2	**4**	6	3	1
2	3	**7**	**8**	**1**	6	**9**	5	4

032

2	1	9	7	**6**	4	**8**	5	3
7	8	**3**	**1**	2	**5**	6	4	9
4	5	6	**9**	8	**3**	7	**1**	2
8	**4**	**5**	3	9	7	**1**	**2**	6
1	6	2	5	4	8	3	9	**7**
3	**9**	**7**	6	1	2	**4**	**8**	5
5	**3**	8	**2**	7	**1**	9	6	**4**
6	2	1	**4**	3	**9**	**5**	7	8
9	7	**4**	8	**5**	6	2	3	1

SUPER **SUDOKU**

033

6	2	4	8	7	1	5	9	3
5	3	9	6	2	4	1	8	7
8	7	1	3	5	9	2	4	6
1	6	7	2	3	8	9	5	4
4	5	8	7	9	6	3	2	1
3	9	2	4	1	5	6	7	8
2	8	5	1	4	3	7	6	9
9	1	6	5	8	7	4	3	2
7	4	3	9	6	2	8	1	5

034

4	2	9	1	5	7	8	3	6
8	7	5	6	4	3	2	1	9
6	3	1	2	8	9	5	4	7
7	9	2	8	1	5	4	6	3
5	4	6	9	3	2	1	7	8
3	1	8	4	7	6	9	5	2
1	6	4	7	9	8	3	2	5
2	8	3	5	6	4	7	9	1
9	5	7	3	2	1	6	8	4

035

8	4	7	5	9	1	2	6	3
2	3	6	4	8	7	1	9	5
9	5	1	3	2	6	7	4	8
6	2	5	9	3	8	4	7	1
4	9	3	7	1	2	8	5	6
1	7	8	6	5	4	9	3	2
3	6	2	8	7	9	5	1	4
5	1	9	2	4	3	6	8	7
7	8	4	1	6	5	3	2	9

036

6	8	3	1	5	2	4	9	7
5	2	1	7	9	4	6	8	3
4	9	7	8	6	3	2	5	1
1	3	6	9	4	7	5	2	8
2	7	5	3	8	6	9	1	4
8	4	9	5	2	1	7	3	6
3	5	8	4	7	9	1	6	2
7	1	2	6	3	5	8	4	9
9	6	4	2	1	8	3	7	5

SUPER **SUDOKU**

037

4	5	2	3	6	8	9	7	1
1	3	6	5	9	7	4	8	2
8	7	9	4	1	2	3	6	5
6	9	5	8	2	1	7	3	4
3	8	7	9	5	4	2	1	6
2	1	4	7	3	6	5	9	8
5	4	8	6	7	9	1	2	3
7	6	1	2	4	3	8	5	9
9	2	3	1	8	5	6	4	7

038

8	9	7	4	5	6	3	2	1
2	5	1	9	3	7	6	8	4
4	3	6	1	2	8	9	7	5
6	1	2	3	9	4	8	5	7
9	7	3	5	8	2	4	1	6
5	8	4	6	7	1	2	9	3
1	4	9	2	6	5	7	3	8
3	6	8	7	1	9	5	4	2
7	2	5	8	4	3	1	6	9

039

7	3	6	4	8	9	2	1	5
4	1	9	7	2	5	3	8	6
8	2	5	1	6	3	9	4	7
3	7	4	5	1	8	6	2	9
2	6	8	9	4	7	1	5	3
5	9	1	6	3	2	8	7	4
6	4	3	8	7	1	5	9	2
1	5	7	2	9	6	4	3	8
9	8	2	3	5	4	7	6	1

040

3	8	9	6	4	1	2	7	5
2	5	4	7	3	9	6	1	8
1	6	7	8	2	5	9	4	3
6	4	5	2	7	3	1	8	9
7	1	2	9	6	8	3	5	4
9	3	8	1	5	4	7	6	2
5	7	1	4	9	2	8	3	6
4	2	6	3	8	7	5	9	1
8	9	3	5	1	6	4	2	7

SUPER **SUDOKU**

041

7	4	8	5	**9**	1	3	6	**2**
6	1	**9**	**7**	3	2	**5**	8	4
5	**3**	2	4	6	**8**	7	**9**	1
2	8	**7**	**1**	5	**3**	6	**4**	9
3	6	4	9	8	7	2	1	**5**
9	**5**	1	**6**	2	**4**	**8**	3	7
1	**2**	6	**3**	7	9	4	**5**	8
4	7	**3**	8	1	**5**	**9**	2	6
8	9	5	2	**4**	6	1	7	**3**

042

7	2	**4**	3	1	**9**	5	**6**	8
8	3	9	5	7	**6**	**4**	1	2
1	**5**	6	2	4	8	**3**	9	7
4	**7**	8	9	3	**2**	6	5	1
5	1	**3**	7	**6**	4	**8**	2	**9**
6	9	2	**8**	5	1	7	**3**	4
9	8	**7**	6	2	3	1	**4**	**5**
3	4	**5**	**1**	9	7	2	8	**6**
2	**6**	1	**4**	8	5	**9**	7	3

043

9	8	**7**	4	5	**3**	**6**	1	2
5	**6**	3	2	9	**1**	**4**	8	**7**
1	4	2	6	**7**	8	9	3	**5**
6	5	1	7	8	**4**	3	2	**9**
3	7	8	**9**	2	**5**	1	4	6
2	9	4	**1**	3	6	5	7	8
7	2	6	3	**4**	9	8	5	1
4	1	**5**	**8**	6	2	7	**9**	3
8	3	**9**	**5**	1	7	**2**	6	**4**

044

3	**1**	2	9	**5**	7	4	**6**	**8**
7	5	4	3	**6**	8	9	2	1
6	**9**	8	**4**	**1**	**2**	3	**7**	5
5	7	6	1	2	9	8	4	**3**
4	8	9	**7**	3	**6**	1	5	**2**
1	2	3	8	4	5	7	9	**6**
9	**6**	7	**5**	**8**	**1**	2	**3**	4
2	4	1	6	**9**	3	5	8	7
8	**3**	5	2	**7**	4	6	**1**	**9**

SUPER **SUDOKU**

045

4	1	2	**6**	8	**9**	5	7	**3**
6	7	3	**4**	2	**5**	9	8	1
5	**9**	8	7	**3**	1	6	**2**	4
2	3	**1**	5	7	8	**4**	6	**9**
7	8	4	9	1	6	3	5	2
9	6	**5**	3	4	2	**7**	1	**8**
1	**4**	6	8	**5**	3	2	**9**	7
3	2	9	**1**	6	**7**	8	4	5
8	5	7	**2**	9	**4**	1	3	**6**

046

1	6	5	**2**	**3**	7	**4**	9	**8**
2	3	7	8	4	**9**	5	1	6
4	8	**9**	**5**	6	1	**2**	7	3
8	**1**	2	6	7	3	**9**	5	**4**
5	9	3	4	**2**	8	1	6	**7**
7	4	**6**	1	9	5	3	**8**	2
6	7	**4**	9	5	**2**	**8**	3	**1**
9	2	1	**3**	8	6	7	4	5
3	5	**8**	7	**1**	**4**	6	2	**9**

047

6	**8**	4	7	9	**3**	1	**5**	2
2	3	**7**	1	4	**5**	8	9	**6**
9	5	**1**	2	**6**	8	**3**	**7**	4
8	**2**	5	4	7	9	6	3	1
3	4	**9**	5	**1**	6	**2**	8	7
7	1	6	3	8	2	9	**4**	**5**
5	**9**	**2**	6	**3**	7	**4**	1	8
1	7	3	**8**	2	4	**5**	6	**9**
4	**6**	8	**9**	5	1	7	**2**	3

048

2	6	**8**	**9**	4	3	1	5	7
7	3	5	**2**	**6**	1	9	4	8
4	1	**9**	7	8	**5**	**6**	3	**2**
6	7	**2**	**8**	3	**4**	5	**1**	**9**
8	**9**	1	6	5	2	4	**7**	3
5	**4**	3	**1**	9	**7**	**2**	8	6
3	2	**4**	**5**	7	6	**8**	9	1
9	5	6	3	**1**	**8**	7	2	4
1	8	7	4	2	**9**	**3**	6	5

SUPER **SUDOKU**

049

6	9	**5**	4	1	**8**	3	7	2
1	4	**2**	7	**3**	**9**	**5**	6	8
7	3	8	2	5	6	1	4	9
8	5	9	1	**2**	7	6	**3**	4
3	**1**	**4**	8	**6**	5	**2**	**9**	7
2	**6**	7	9	**4**	3	8	5	1
5	7	1	3	9	2	4	8	**6**
4	8	**3**	**6**	**7**	1	**9**	2	**5**
9	2	6	**5**	8	4	**7**	1	3

050

9	**7**	5	4	3	8	**6**	2	**1**
2	3	**8**	7	6	**1**	4	9	**5**
6	4	1	9	**2**	5	7	**3**	8
1	**5**	9	**6**	7	**2**	3	8	4
4	8	**7**	3	**5**	9	**2**	1	6
3	6	2	**1**	8	**4**	5	**7**	9
8	**2**	6	5	**9**	7	1	4	**3**
7	1	3	**8**	4	6	**9**	5	2
5	9	**4**	2	1	3	8	**6**	**7**

051

1	**4**	5	2	9	**7**	**3**	6	8
2	**3**	6	8	1	5	7	**9**	4
8	9	**7**	**6**	3	4	2	5	**1**
9	5	**2**	7	**4**	8	1	3	**6**
6	1	8	**5**	2	**3**	4	7	9
4	7	3	1	**6**	9	**5**	8	2
7	6	4	9	5	**2**	**8**	1	3
3	**8**	1	4	7	6	9	**2**	**5**
5	2	**9**	**3**	8	1	6	**4**	7

052

2	8	7	9	1	**4**	6	5	**3**
6	**4**	5	3	2	8	9	**1**	7
3	9	1	7	**6**	5	**8**	4	**2**
7	2	**3**	**4**	8	1	**5**	9	6
4	5	9	**6**	7	**2**	1	3	**8**
8	1	**6**	5	9	**3**	**7**	2	4
1	7	**2**	8	**4**	9	3	6	5
9	**3**	8	2	5	6	4	**7**	**1**
5	6	4	**1**	3	7	2	8	**9**

SUPER **SUDOKU**

053

3	5	6	**1**	8	9	7	2	**4**
2	**8**	1	6	4	**7**	5	9	3
4	7	**9**	**2**	3	**5**	6	1	8
1	4	**3**	8	2	**6**	**9**	**5**	7
8	2	7	9	5	1	4	3	6
9	**6**	**5**	**3**	7	4	**1**	8	**2**
6	1	2	**4**	9	**8**	**3**	7	5
5	3	4	**7**	1	2	8	**6**	9
7	9	8	5	6	**3**	2	4	**1**

054

7	**4**	2	6	**8**	1	5	9	3
6	**3**	**1**	5	**4**	9	2	**8**	**7**
5	9	8	2	3	7	**1**	**6**	4
8	**1**	**5**	**9**	**6**	3	7	4	2
9	7	6	4	5	2	3	1	8
3	2	4	1	**7**	**8**	**9**	**5**	6
4	**6**	**7**	3	9	5	8	2	1
1	**8**	9	7	**2**	6	**4**	**3**	**5**
2	5	3	8	**1**	4	6	**7**	9

055

5	4	3	**9**	1	**7**	6	2	**8**
7	6	8	**2**	3	**4**	1	9	5
9	1	**2**	**6**	8	**5**	**7**	3	4
4	8	**1**	5	7	3	**2**	6	**9**
2	5	7	4	9	6	3	8	1
3	9	**6**	1	2	8	**4**	5	**7**
8	7	**4**	**3**	5	**2**	**9**	1	6
6	3	9	**8**	4	**1**	5	7	2
1	2	5	**7**	6	**9**	8	4	**3**

056

6	8	**9**	5	**4**	1	2	3	7
3	4	**5**	**9**	7	2	**1**	8	6
1	**7**	2	3	**8**	6	**4**	**9**	5
4	**5**	7	**6**	1	3	9	2	8
8	1	**6**	2	9	7	**3**	5	**4**
9	2	3	4	5	**8**	6	**7**	1
7	**9**	**1**	8	**3**	4	5	**6**	**2**
2	3	**4**	7	6	**5**	**8**	1	9
5	6	8	1	**2**	9	**7**	4	3

SUPER **SUDOKU**

057

8	**4**	9	**6**	7	1	**3**	5	**2**
3	5	2	4	**9**	8	7	1	**6**
1	7	6	2	3	**5**	8	9	4
6	1	**3**	7	4	2	5	8	**9**
9	**8**	5	1	6	3	4	**2**	7
7	2	4	5	8	9	**1**	6	3
2	6	8	**3**	1	4	9	7	**5**
4	9	7	8	**5**	6	2	3	1
5	3	**1**	9	2	**7**	6	**4**	**8**

058

9	5	3	7	**8**	4	2	6	**1**
1	**2**	**4**	6	5	**3**	9	**8**	7
8	7	6	**2**	9	1	4	**3**	5
3	**6**	8	**5**	7	**2**	**1**	9	4
7	1	9	4	6	8	5	2	**3**
2	4	**5**	**3**	1	**9**	8	**7**	6
6	**8**	7	9	4	**5**	3	1	2
5	**9**	2	**1**	3	7	**6**	**4**	8
4	3	1	8	**2**	6	7	5	**9**

059

2	**3**	9	6	5	1	7	**8**	**4**
8	**4**	6	**3**	9	7	5	1	**2**
1	7	**5**	2	4	**8**	**6**	9	3
6	**8**	7	**1**	3	5	**2**	4	9
5	2	3	4	**6**	9	8	7	1
4	9	**1**	8	7	**2**	3	**6**	5
3	1	**2**	**7**	8	4	**9**	5	6
9	6	8	5	1	**3**	4	**2**	**7**
7	**5**	4	9	2	6	1	**3**	**8**

060

5	**4**	2	3	6	**8**	**7**	1	9
3	**8**	**9**	2	1	7	6	5	4
7	**1**	6	4	9	5	**2**	**3**	**8**
9	2	3	6	**7**	1	4	**8**	5
6	5	8	**9**	2	**4**	1	7	3
1	**7**	4	8	**5**	3	9	2	**6**
2	**3**	**5**	1	4	9	8	**6**	7
4	6	7	5	8	2	**3**	**9**	1
8	9	**1**	**7**	3	6	5	**4**	**2**

SUPER **SUDOKU**

061

8	5	6	**9**	1	3	7	2	**4**
4	9	**7**	6	**8**	2	**1**	**3**	5
1	**2**	**3**	5	4	7	**6**	**9**	8
6	7	9	2	3	**4**	8	5	1
3	**8**	1	7	**5**	9	2	**4**	6
5	4	2	**8**	6	1	3	7	**9**
2	**6**	**5**	3	9	8	**4**	**1**	7
9	**3**	**4**	1	**7**	6	**5**	8	2
7	1	8	4	2	**5**	9	6	**3**

062

7	**4**	9	3	1	**8**	**5**	6	**2**
5	2	**1**	4	**9**	6	8	3	**7**
6	3	8	7	**2**	5	9	**1**	4
9	5	4	8	7	3	6	2	1
3	**6**	**7**	2	5	1	**4**	**8**	9
8	1	2	6	4	9	7	5	**3**
4	**8**	6	1	**3**	7	2	9	**5**
2	9	3	5	**6**	4	**1**	7	8
1	7	**5**	**9**	8	2	3	**4**	**6**

063

6	**9**	2	8	**1**	4	7	3	**5**
8	5	7	**3**	9	**6**	4	1	**2**
1	3	**4**	**7**	5	2	**8**	6	9
2	**7**	8	1	3	5	**6**	**9**	4
9	4	1	6	7	8	2	5	**3**
3	**6**	**5**	2	4	9	1	**7**	8
5	2	**6**	9	8	**1**	**3**	4	7
7	1	9	**4**	2	**3**	5	8	6
4	8	3	5	**6**	7	9	**2**	**1**

064

8	2	1	**4**	5	3	9	6	7
4	3	5	9	6	**7**	**1**	**8**	2
6	7	9	2	**1**	8	**5**	3	**4**
2	**4**	3	1	7	5	8	**9**	**6**
9	1	**7**	8	2	6	**4**	5	3
5	**8**	6	3	9	4	7	**2**	1
3	9	**8**	7	**4**	2	6	1	**5**
1	**5**	**4**	**6**	3	9	2	7	**8**
7	6	2	5	8	**1**	3	4	**9**

SUPER **SUDOKU**

065

5	**4**	3	**6**	2	9	8	7	**1**
1	2	**7**	8	**5**	3	4	**6**	9
6	**9**	**8**	7	1	4	5	3	2
4	6	1	5	**7**	**2**	9	8	3
3	**5**	2	**1**	9	**8**	7	**4**	6
8	7	9	**4**	**3**	6	2	1	**5**
9	1	4	3	8	5	**6**	**2**	7
7	**8**	5	2	**6**	1	**3**	9	**4**
2	3	6	9	4	**7**	1	**5**	8

066

3	**6**	1	2	**4**	5	**8**	7	9
2	9	**5**	**7**	6	8	**1**	4	3
4	**7**	8	**1**	3	9	5	**2**	**6**
9	**2**	**7**	5	8	**6**	4	3	1
1	5	3	4	9	7	6	8	**2**
8	4	6	**3**	2	1	**7**	**9**	5
6	**8**	4	9	5	**2**	3	**1**	7
5	1	**9**	8	7	**3**	**2**	6	**4**
7	3	**2**	6	**1**	4	9	**5**	8

067

2	1	3	8	5	6	9	7	**4**
5	**7**	6	1	**9**	4	3	**2**	**8**
4	9	**8**	7	2	3	**5**	1	6
6	**4**	5	**2**	7	**8**	1	**3**	9
9	8	2	**4**	3	**1**	6	5	**7**
1	**3**	7	**5**	6	**9**	8	**4**	2
7	6	**9**	3	4	5	**2**	8	1
8	**5**	4	9	**1**	2	7	**6**	**3**
3	2	1	6	8	7	4	9	**5**

068

2	4	8	5	9	6	7	1	**3**
5	3	**6**	4	**7**	1	**8**	9	**2**
7	**1**	**9**	3	2	8	**6**	**5**	4
4	7	3	**1**	6	**5**	9	2	8
8	2	1	**9**	4	**7**	5	3	**6**
6	9	5	**8**	3	**2**	4	7	1
1	**8**	**7**	6	5	3	**2**	**4**	9
9	6	**2**	7	**1**	4	**3**	8	**5**
3	5	4	2	8	9	1	6	**7**

SUPER **SUDOKU**

069

8	6	1	9	2	7	3	5	4
5	9	2	3	6	4	7	1	8
4	7	3	5	8	1	6	9	2
6	4	5	2	7	8	9	3	1
9	2	7	4	1	3	8	6	5
3	1	8	6	9	5	4	2	7
2	8	4	1	3	6	5	7	9
1	5	6	7	4	9	2	8	3
7	3	9	8	5	2	1	4	6

070

1	9	8	3	4	5	7	2	6
4	5	2	9	7	6	3	8	1
6	3	7	8	1	2	4	9	5
7	6	4	1	5	9	8	3	2
8	1	9	2	6	3	5	4	7
5	2	3	4	8	7	6	1	9
9	4	6	5	3	1	2	7	8
2	8	5	7	9	4	1	6	3
3	7	1	6	2	8	9	5	4

071

7	2	3	4	1	6	8	5	9
5	9	4	3	2	8	6	1	7
1	8	6	7	9	5	2	4	3
8	4	5	9	3	1	7	2	6
3	7	1	5	6	2	9	8	4
2	6	9	8	4	7	5	3	1
6	5	7	1	8	4	3	9	2
9	1	2	6	5	3	4	7	8
4	3	8	2	7	9	1	6	5

072

8	1	4	2	5	6	7	3	9
5	2	9	3	8	7	1	6	4
6	7	3	1	4	9	5	8	2
2	9	1	5	6	4	3	7	8
7	6	8	9	3	2	4	1	5
3	4	5	8	7	1	9	2	6
1	8	6	4	9	3	2	5	7
9	3	7	6	2	5	8	4	1
4	5	2	7	1	8	6	9	3

SUPER **SUDOKU**

073

9	**2**	**1**	3	5	4	7	6	**8**
6	**4**	7	**1**	2	8	5	3	9
3	**8**	**5**	**9**	7	6	1	2	**4**
1	5	4	**6**	3	7	**8**	9	2
8	7	3	**4**	**9**	**2**	6	5	1
2	9	**6**	8	1	**5**	3	4	7
7	1	2	5	4	**3**	**9**	**8**	6
5	6	9	2	8	**1**	4	**7**	3
4	3	8	7	6	9	**2**	**1**	5

074

9	1	**4**	**3**	7	5	8	6	2
6	2	**5**	4	8	1	3	**7**	9
3	**7**	8	2	**6**	**9**	5	4	1
8	9	1	**7**	4	3	**2**	5	6
4	5	**6**	9	**1**	2	**7**	8	3
7	3	**2**	6	5	**8**	1	9	**4**
2	8	7	**1**	**9**	6	4	**3**	**5**
5	**6**	3	8	2	4	**9**	1	7
1	4	9	5	3	**7**	**6**	2	**8**

075

4	3	**6**	**1**	8	**5**	**2**	**9**	7
9	1	7	2	3	4	5	8	6
5	2	**8**	9	6	7	**1**	3	**4**
6	7	4	8	**9**	1	3	2	**5**
2	5	1	**6**	7	**3**	9	4	8
8	9	3	5	**4**	2	7	6	**1**
1	8	**2**	3	5	6	**4**	7	**9**
7	6	5	4	2	9	8	1	**3**
3	**4**	**9**	**7**	1	**8**	**6**	5	2

076

3	9	8	6	**1**	4	5	2	**7**
1	**5**	6	2	**3**	7	**8**	4	9
4	2	7	**9**	8	5	**3**	**1**	6
8	4	**2**	**7**	**5**	9	6	3	1
5	**7**	3	**1**	6	**2**	9	**8**	**4**
6	1	9	3	**4**	**8**	**2**	7	5
9	**3**	**5**	4	2	**1**	7	6	8
7	6	**1**	8	**9**	3	4	**5**	2
2	8	4	5	**7**	6	1	9	3

SUPER **SUDOKU**

077

4	2	**8**	1	**7**	3	**6**	5	9
5	**6**	9	4	**2**	8	1	7	3
1	3	**7**	9	6	**5**	2	4	**8**
3	7	2	**6**	4	9	**5**	8	1
9	**1**	5	7	8	2	4	**3**	**6**
8	4	**6**	3	5	**1**	9	2	7
7	5	4	**8**	1	6	**3**	9	**2**
6	8	3	2	**9**	4	7	**1**	5
2	9	**1**	5	**3**	7	**8**	6	**4**

078

9	**8**	7	3	4	5	1	**2**	6
2	5	**3**	**7**	6	**1**	**4**	8	**9**
6	1	4	2	**8**	9	5	3	7
4	**7**	1	5	3	2	6	**9**	**8**
8	9	**5**	4	**7**	6	**3**	1	2
3	**6**	2	1	9	8	7	**4**	**5**
5	4	9	6	**2**	3	8	7	1
7	2	**6**	**8**	1	**4**	**9**	5	**3**
1	**3**	8	9	5	7	2	**6**	4

079

9	**1**	2	5	**7**	3	6	**4**	8
3	7	**5**	4	6	**8**	2	1	**9**
8	4	**6**	9	1	**2**	**3**	**5**	7
6	**8**	**9**	1	4	5	7	3	2
5	3	7	6	**2**	9	4	8	**1**
1	2	4	8	3	7	**9**	**6**	5
7	**6**	**3**	**2**	8	1	**5**	9	4
4	9	1	**7**	5	6	**8**	2	**3**
2	**5**	8	3	**9**	4	1	**7**	6

080

5	8	9	6	**4**	**7**	2	3	**1**
4	2	**1**	**3**	8	9	7	5	6
7	3	**6**	**1**	2	5	**8**	**4**	9
1	5	2	9	7	8	**3**	**6**	4
9	6	3	2	1	4	5	8	**7**
8	**4**	**7**	5	3	6	9	1	**2**
6	**9**	**4**	8	5	**2**	**1**	7	3
2	1	5	7	6	**3**	**4**	9	8
3	7	8	**4**	**9**	1	6	2	**5**

SUPER **SUDOKU**

081

2	4	6	3	7	9	**8**	**1**	**5**
9	8	1	**6**	**5**	4	**7**	**2**	3
5	**3**	7	8	2	1	4	9	6
4	**1**	8	9	**6**	**5**	2	3	7
3	6	**9**	**7**	**1**	**2**	**5**	8	4
7	5	2	**4**	**8**	3	1	**6**	9
1	9	3	5	4	8	6	**7**	2
8	**7**	**5**	2	**9**	**6**	3	4	1
6	**2**	**4**	1	3	7	9	5	**8**

082

8	**7**	3	4	5	9	**6**	**1**	2
6	1	**5**	2	7	3	9	4	8
9	4	**2**	**8**	1	6	7	5	**3**
3	8	**7**	**9**	4	5	2	6	**1**
5	6	9	**1**	8	**2**	4	3	7
4	2	1	3	6	**7**	**8**	9	5
2	5	4	7	9	**1**	**3**	8	**6**
1	3	8	6	2	4	**5**	7	**9**
7	**9**	**6**	5	3	8	1	**2**	**4**

083

1	**9**	5	7	2	**8**	**3**	**6**	4
7	2	4	**6**	**1**	3	8	**5**	9
6	**3**	8	**4**	9	5	1	2	7
8	5	7	1	**4**	9	**6**	3	**2**
9	6	3	5	7	2	4	1	8
2	4	**1**	3	**8**	6	7	9	5
4	1	9	2	3	**7**	5	**8**	6
3	**8**	6	9	**5**	**4**	2	7	**1**
5	**7**	**2**	**8**	6	1	9	**4**	**3**

084

7	8	**9**	4	**2**	1	5	3	6
1	**2**	3	**5**	7	6	4	8	9
5	4	**6**	9	8	**3**	**7**	2	1
2	**3**	5	**6**	9	**4**	**1**	7	8
6	7	1	8	3	2	9	5	**4**
4	9	**8**	**7**	1	**5**	3	**6**	2
9	1	**7**	**3**	6	8	**2**	4	**5**
3	6	4	2	5	**9**	8	**1**	7
8	5	2	1	**4**	7	**6**	9	**3**

085

1	9	**6**	7	4	2	**3**	8	**5**
3	**4**	2	**1**	5	**8**	6	**7**	9
7	5	8	3	6	9	4	2	**1**
9	**7**	4	2	**1**	6	5	**3**	**8**
8	1	5	9	3	4	2	6	7
2	**6**	3	8	**7**	5	9	**1**	**4**
4	3	9	6	8	1	7	5	**2**
5	**8**	7	**4**	2	**3**	1	**9**	6
6	2	**1**	5	9	7	**8**	4	**3**

086

4	**3**	7	5	**6**	2	**9**	8	1
8	1	**2**	**4**	7	9	**5**	6	**3**
5	**9**	6	**1**	8	3	4	**2**	7
1	4	5	7	9	6	**8**	**3**	2
7	8	9	3	2	1	6	5	**4**
2	**6**	**3**	8	4	5	1	7	9
3	**2**	1	6	5	**4**	7	**9**	**8**
6	7	**4**	9	3	**8**	**2**	1	5
9	5	**8**	2	**1**	7	3	**4**	6

087

9	3	1	6	4	5	7	2	**8**
7	6	4	**2**	**3**	**8**	5	1	**9**
8	5	**2**	1	7	9	**6**	3	4
2	8	7	**9**	5	**3**	4	6	**1**
3	1	**5**	**4**	6	**2**	**8**	9	7
6	4	9	**8**	1	**7**	3	5	**2**
4	7	**6**	3	9	1	**2**	8	5
1	2	3	**5**	**8**	**4**	9	7	**6**
5	9	8	7	2	6	1	4	**3**

088

1	2	5	6	**7**	**3**	**9**	8	4
6	**9**	8	4	1	2	**3**	7	5
3	7	4	**8**	5	**9**	6	**1**	2
4	**6**	7	**9**	**2**	5	**8**	3	1
5	**1**	9	3	4	8	2	**6**	7
8	3	**2**	1	**6**	**7**	4	**5**	9
9	**4**	1	**7**	3	**6**	5	2	8
2	8	**6**	5	9	1	7	**4**	3
7	5	**3**	**2**	**8**	4	1	9	**6**

SUPER **SUDOKU**

089

4	6	7	1	5	**3**	8	2	**9**
5	9	1	8	**7**	**2**	**3**	4	6
8	**3**	2	**9**	4	**6**	5	1	7
7	**1**	**3**	2	9	5	**4**	6	8
6	**8**	5	7	3	4	1	**9**	2
2	4	**9**	6	1	8	**7**	**5**	**3**
3	5	6	**4**	2	**7**	9	**8**	1
9	7	**8**	**5**	**6**	1	2	3	4
1	2	4	**3**	8	9	6	7	**5**

090

3	5	**4**	6	**2**	9	8	**7**	1
9	1	**2**	3	7	**8**	6	**4**	**5**
7	8	6	4	1	5	2	3	9
8	4	**5**	2	**9**	1	**7**	**6**	3
2	3	1	7	**6**	4	5	9	8
6	**7**	**9**	5	**8**	3	**1**	2	**4**
1	6	3	9	5	2	4	8	7
5	**9**	7	**8**	4	6	**3**	1	2
4	**2**	8	1	**3**	7	**9**	5	**6**

091

7	8	3	9	2	1	6	**4**	5
4	**2**	9	**5**	7	6	**3**	1	8
5	1	6	**4**	8	3	**2**	**7**	9
6	3	**1**	**2**	**4**	9	**5**	8	7
9	4	7	8	6	5	1	2	**3**
2	5	**8**	3	**1**	**7**	**4**	9	6
1	**7**	**2**	6	3	**8**	9	5	4
3	9	**4**	7	5	**2**	8	**6**	1
8	**6**	5	1	9	4	7	3	2

092

6	7	**9**	8	4	**3**	**1**	2	**5**
3	5	**1**	**7**	6	2	**4**	8	**9**
8	4	2	**9**	5	1	**3**	7	6
9	3	8	2	7	5	6	**4**	1
4	**6**	5	**1**	9	**8**	2	**3**	7
1	**2**	7	6	3	4	5	9	8
2	9	**4**	5	8	**6**	7	1	3
5	8	**3**	4	1	**7**	**9**	6	2
7	1	**6**	**3**	2	9	**8**	5	4

SUPER **SUDOKU**

093

4	7	2	6	8	9	1	**3**	**5**
5	**1**	9	**2**	**3**	7	**8**	6	4
6	**3**	8	1	5	**4**	9	7	2
2	**8**	**4**	3	6	5	7	**1**	9
7	5	3	8	**9**	1	2	4	**6**
9	**6**	1	7	4	2	**3**	**5**	8
3	2	6	**5**	1	8	4	**9**	7
1	9	**7**	4	**2**	**6**	5	**8**	**3**
8	**4**	5	9	7	3	6	2	**1**

094

7	**1**	2	6	3	**5**	4	8	**9**
4	9	6	1	2	**8**	5	7	**3**
8	**3**	5	4	**7**	9	1	6	2
6	8	3	7	4	1	**2**	9	**5**
5	7	**4**	2	9	6	**3**	1	8
1	2	**9**	5	8	3	7	4	6
2	4	8	3	**6**	7	9	**5**	**1**
9	5	7	**8**	1	2	6	3	**4**
3	6	1	**9**	5	4	8	**2**	**7**

095

9	**6**	**2**	**4**	**7**	1	**8**	3	5
4	5	3	2	6	8	7	1	**9**
8	7	**1**	**5**	3	9	**2**	4	6
3	9	6	**7**	8	4	5	**2**	**1**
7	**2**	5	**1**	9	**6**	4	**8**	3
1	**8**	4	3	2	**5**	9	6	7
6	4	**7**	9	1	**2**	**3**	5	8
2	3	8	6	5	7	1	9	4
5	1	**9**	8	**4**	**3**	**6**	**7**	2

096

8	**9**	2	7	1	6	**5**	**3**	4
1	6	7	3	5	**4**	2	8	**9**
3	4	5	9	**8**	**2**	7	6	**1**
6	5	9	1	3	**7**	**8**	**4**	2
4	8	**1**	5	2	9	**3**	7	6
7	**2**	**3**	**4**	6	8	1	9	5
9	7	8	**2**	**4**	5	6	1	3
5	1	4	**6**	7	3	9	2	**8**
2	**3**	**6**	8	9	1	4	**5**	7

SUPER **SUDOKU**

097

6	8	**3**	7	2	9	4	5	1
7	**1**	2	4	6	**5**	8	9	**3**
4	9	5	1	**3**	**8**	7	2	**6**
1	6	9	3	5	7	**2**	8	**4**
8	5	**4**	**9**	1	**2**	**6**	3	**7**
3	2	**7**	8	4	6	5	1	9
5	3	8	**6**	**7**	1	9	4	**2**
2	7	1	**5**	9	4	3	**6**	**8**
9	4	6	2	8	3	**1**	7	5

098

6	2	5	1	**9**	8	3	**7**	4
8	9	**4**	**5**	3	**7**	**1**	2	6
7	**1**	3	6	2	**4**	9	**5**	8
5	**7**	**6**	2	1	3	4	**8**	9
2	4	9	8	5	6	7	3	**1**
3	**8**	1	4	7	9	**5**	**6**	2
9	**5**	8	**7**	4	2	6	**1**	3
4	6	**7**	**3**	8	**1**	**2**	9	**5**
1	**3**	2	9	**6**	5	8	4	7

099

9	5	3	**4**	6	1	**8**	7	**2**
6	**2**	4	9	8	7	3	**1**	5
1	7	**8**	5	3	**2**	**6**	9	4
4	3	**2**	**7**	5	**9**	1	8	**6**
7	6	5	2	**1**	8	4	3	9
8	9	1	**3**	4	**6**	**5**	2	7
5	1	**7**	**8**	9	4	**2**	6	**3**
2	**4**	6	1	7	3	9	**5**	8
3	8	**9**	6	2	**5**	7	4	**1**

100

5	9	7	**2**	6	3	4	8	1
8	1	**6**	5	**9**	**4**	2	3	**7**
4	3	**2**	**7**	1	8	**6**	**9**	**5**
6	5	**8**	4	2	**1**	9	7	3
2	**7**	1	3	5	9	8	**4**	6
9	4	3	**6**	8	7	**1**	5	2
1	**8**	**5**	9	7	**6**	**3**	2	4
3	2	9	**1**	**4**	5	**7**	6	8
7	6	4	8	3	**2**	5	1	9

SUPER **SUDOKU**

101

6	8	**2**	4	3	7	9	1	5
3	1	**4**	2	9	**5**	7	**8**	6
7	9	5	**8**	6	**1**	2	3	4
1	3	8	**7**	2	4	6	5	**9**
4	**7**	9	**3**	5	**6**	1	**2**	8
2	5	6	1	8	**9**	3	4	**7**
5	6	1	**9**	4	**3**	8	7	**2**
9	**2**	3	**5**	7	8	**4**	6	1
8	4	7	6	1	2	**5**	9	**3**

102

5	9	4	3	**2**	6	8	1	7
1	**7**	8	9	4	5	6	**3**	**2**
2	6	**3**	8	1	7	**5**	9	4
8	**3**	**2**	**4**	7	**1**	**9**	**5**	6
7	5	6	**2**	9	**3**	4	8	1
4	**1**	**9**	**6**	5	**8**	**2**	**7**	3
6	8	**7**	5	3	4	**1**	2	9
3	**2**	5	1	6	9	7	**4**	**8**
9	4	1	7	**8**	2	3	6	5

103

3	**1**	**7**	2	6	**8**	9	**5**	4
9	2	5	4	3	7	6	**1**	8
8	6	**4**	**9**	1	5	7	3	2
1	4	3	**7**	**2**	**9**	5	8	6
7	5	8	6	4	1	3	2	**9**
2	9	6	**8**	**5**	**3**	4	7	**1**
5	7	2	1	9	**4**	**8**	6	**3**
4	**8**	1	3	7	6	2	9	**5**
6	**3**	9	**5**	8	2	**1**	**4**	7

104

7	9	**2**	**6**	1	3	4	**8**	**5**
8	**1**	3	**2**	4	5	6	7	**9**
5	4	6	**9**	8	7	**3**	1	2
3	**7**	**5**	**4**	9	2	8	6	1
6	8	9	5	**7**	1	2	4	3
4	2	1	8	3	**6**	**5**	**9**	**7**
1	3	**8**	7	5	**4**	9	2	**6**
9	6	7	3	2	**8**	1	**5**	4
2	**5**	4	1	6	**9**	**7**	3	8

SUPER **SUDOKU**

105

4	1	**8**	3	5	**7**	6	9	2
2	**6**	3	**9**	4	1	8	**5**	7
7	9	**5**	6	8	**2**	**1**	4	**3**
3	5	**4**	1	2	8	9	**7**	6
9	2	7	4	**6**	3	5	1	8
6	**8**	1	7	9	5	**2**	3	**4**
1	4	**9**	**2**	3	6	**7**	8	5
8	**7**	2	5	1	**4**	3	**6**	9
5	3	6	**8**	7	9	**4**	2	1

106

7	1	8	**3**	4	9	2	**5**	**6**
9	2	3	1	**6**	5	**4**	7	8
6	**5**	4	**8**	**7**	2	1	3	9
2	9	6	5	3	8	**7**	4	**1**
4	**3**	**1**	9	**2**	7	**8**	**6**	5
8	7	**5**	6	1	4	3	9	2
5	8	7	2	**9**	**3**	6	**1**	4
1	4	**2**	7	**5**	6	9	8	**3**
3	**6**	9	4	8	**1**	5	2	**7**

107

7	**4**	6	**1**	2	3	**9**	**8**	5
2	**1**	9	**4**	8	5	3	7	**6**
5	3	8	7	**9**	6	1	2	**4**
8	**5**	1	2	7	4	6	9	3
6	7	**4**	3	5	9	**2**	1	8
3	9	2	8	6	1	4	**5**	**7**
9	2	7	6	**4**	8	5	3	1
1	6	5	9	3	**7**	8	**4**	**2**
4	**8**	**3**	5	1	**2**	7	**6**	9

108

8	7	9	2	3	**4**	**5**	6	1
6	**2**	1	**8**	9	5	**4**	**3**	7
4	**3**	**5**	1	6	7	**9**	2	8
7	8	3	**6**	4	**2**	1	**9**	5
5	9	6	3	**1**	8	7	4	2
1	**4**	2	**7**	5	**9**	6	8	**3**
3	1	**7**	9	8	6	**2**	**5**	**4**
9	**5**	**8**	4	2	**1**	3	**7**	6
2	6	**4**	**5**	7	3	8	1	9

SUPER **SUDOKU**

109

4	**5**	**2**	**3**	6	1	9	8	7
6	9	8	2	4	7	**3**	**1**	5
7	3	1	8	9	**5**	**2**	**6**	**4**
3	2	6	9	7	**4**	8	5	1
1	**8**	4	6	5	2	7	**9**	3
5	7	9	**1**	3	8	6	4	**2**
8	**1**	**7**	**4**	2	9	5	3	6
9	**6**	**5**	7	1	3	4	2	**8**
2	4	3	5	8	**6**	**1**	**7**	9

110

9	3	5	1	**7**	**4**	**6**	8	**2**
4	7	**8**	5	2	6	**1**	9	3
1	**2**	6	3	9	8	7	**5**	4
3	1	9	8	**4**	7	2	6	5
7	5	4	**2**	6	**3**	8	1	**9**
6	8	2	9	**5**	1	3	4	**7**
5	**9**	1	6	3	2	4	**7**	**8**
8	4	**3**	7	1	5	**9**	2	6
2	6	**7**	**4**	**8**	9	5	3	**1**

111

6	**9**	2	**8**	**5**	3	7	1	4
1	**8**	4	7	2	9	6	5	**3**
7	5	3	1	6	4	9	**8**	**2**
4	3	**7**	**9**	1	6	**8**	**2**	**5**
2	6	8	5	3	7	1	4	9
9	**1**	**5**	4	8	**2**	**3**	7	6
5	**7**	6	2	9	8	4	3	**1**
3	4	1	6	7	5	2	**9**	**8**
8	2	9	3	**4**	**1**	5	**6**	7

112

1	**9**	6	5	**4**	7	2	**8**	3
7	4	2	9	8	**3**	5	1	**6**
8	5	**3**	**1**	2	6	**9**	7	4
5	3	**8**	2	**6**	**4**	7	**9**	1
2	1	4	**8**	7	**9**	3	6	**5**
9	**6**	7	**3**	**1**	5	**4**	2	8
6	2	**9**	4	5	**1**	**8**	3	7
3	7	5	**6**	9	8	1	4	**2**
4	**8**	1	7	**3**	2	6	**5**	9

SUPER **SUDOKU**

113

6	**5**	9	**1**	2	**7**	3	**8**	4
4	8	3	5	6	9	1	7	**2**
1	7	**2**	8	**3**	4	**6**	9	5
5	1	4	**3**	9	**6**	8	2	**7**
2	9	**8**	7	**4**	1	**5**	6	3
7	3	6	**2**	8	**5**	4	1	**9**
3	2	**7**	6	**5**	8	**9**	4	1
9	6	1	4	7	3	2	5	**8**
8	**4**	5	**9**	1	**2**	7	**3**	6

114

3	**1**	9	**7**	6	**2**	4	**8**	5
2	5	**6**	3	8	4	**1**	7	9
8	4	7	**1**	9	**5**	3	2	**6**
7	**9**	8	4	3	1	5	**6**	**2**
6	3	4	**2**	5	**9**	7	1	8
5	**2**	1	8	7	6	9	**4**	**3**
9	7	2	**6**	1	**3**	8	5	**4**
4	8	**3**	5	2	7	**6**	9	1
1	**6**	5	**9**	4	**8**	2	**3**	7

115

8	2	**9**	**6**	5	1	7	3	4
1	**4**	7	8	**2**	**3**	5	**6**	9
5	3	6	9	**7**	4	2	1	**8**
2	**5**	8	3	**6**	7	9	4	**1**
4	**7**	**3**	**1**	9	**8**	**6**	**2**	5
9	6	1	5	**4**	2	8	**7**	3
6	1	2	4	**8**	5	3	9	7
7	**8**	4	**2**	**3**	9	1	**5**	6
3	9	5	7	1	**6**	**4**	8	2

116

6	2	**9**	**4**	**1**	3	8	7	5
1	4	**8**	5	6	7	9	2	3
7	3	5	**2**	8	**9**	1	**4**	**6**
8	1	**3**	**7**	4	**5**	**6**	9	**2**
4	6	2	1	9	8	3	5	**7**
9	5	**7**	**3**	2	**6**	**4**	8	1
2	**9**	1	**6**	5	**4**	7	3	8
3	8	6	9	7	2	**5**	1	4
5	7	4	8	**3**	**1**	**2**	6	9

SUPER **SUDOKU**

117

8	9	2	7	5	6	3	**4**	1
5	**6**	7	3	1	**4**	**9**	**8**	2
1	**3**	**4**	9	2	**8**	**5**	7	6
2	**1**	**9**	**4**	6	**3**	7	5	8
7	5	3	2	8	1	4	6	9
4	8	6	**5**	7	**9**	**2**	**1**	3
9	2	**8**	**1**	4	5	**6**	**3**	7
3	**4**	**1**	**6**	9	7	8	**2**	**5**
6	**7**	5	8	3	2	1	9	4

118

7	**1**	**8**	4	9	**5**	6	2	**3**
2	3	9	8	7	**6**	**5**	4	1
6	5	4	1	3	2	7	**8**	9
5	4	6	**7**	8	**3**	1	**9**	**2**
3	2	1	6	**4**	9	8	7	5
9	**8**	7	**5**	2	**1**	4	3	6
8	**6**	3	9	1	4	2	5	**7**
1	7	**2**	**3**	5	8	9	6	**4**
4	9	5	**2**	6	7	**3**	**1**	8

119

1	**9**	7	4	8	6	**2**	**3**	5
2	4	**5**	9	7	3	6	1	**8**
3	**8**	6	5	1	**2**	4	**7**	9
6	3	2	**7**	9	5	**1**	8	4
9	**1**	**4**	**3**	2	**8**	**5**	**6**	7
7	5	**8**	1	6	**4**	9	2	3
4	**6**	3	**2**	5	7	8	**9**	1
5	2	9	8	3	1	**7**	4	6
8	**7**	**1**	6	4	9	3	**5**	2

120

8	**9**	3	**5**	1	2	6	4	**7**
5	2	**7**	8	**6**	4	1	3	**9**
4	6	1	9	7	**3**	5	**2**	8
1	7	**6**	**3**	2	**8**	4	9	**5**
2	**5**	8	4	**9**	7	3	**6**	1
9	3	4	**6**	5	**1**	**8**	7	2
6	**8**	2	**1**	4	9	7	5	3
3	4	9	7	**8**	5	**2**	1	6
7	1	5	2	3	**6**	9	**8**	**4**

SUPER **SUDOKU**

121

2	8	3	**5**	7	1	4	9	6
1	**7**	9	**8**	4	6	2	**5**	**3**
5	**6**	4	2	3	**9**	**8**	7	1
6	**2**	5	**1**	9	**7**	3	8	4
4	3	**1**	6	**5**	8	**7**	2	9
8	9	7	**3**	2	**4**	1	**6**	5
3	1	**8**	**9**	6	2	5	**4**	7
7	**5**	6	4	8	**3**	9	**1**	2
9	4	2	7	1	**5**	6	3	**8**

122

2	5	1	**8**	6	**9**	7	4	**3**
7	6	**9**	4	**1**	3	5	8	2
3	8	**4**	**2**	7	5	**6**	**9**	1
6	3	7	5	8	1	**4**	2	**9**
1	**2**	8	7	9	4	3	**5**	6
4	9	**5**	3	2	6	8	1	**7**
8	**1**	**3**	6	4	**2**	**9**	7	5
9	7	6	1	**5**	8	**2**	3	4
5	4	2	**9**	3	**7**	1	6	**8**

123

5	1	3	**7**	4	9	**2**	6	**8**
9	**2**	8	5	**6**	**3**	1	**7**	4
6	4	7	8	**1**	2	3	5	9
7	**8**	1	4	3	5	9	2	**6**
2	**5**	**6**	9	8	7	**4**	**3**	1
4	3	9	1	2	6	5	**8**	7
3	9	4	6	**5**	8	7	1	**2**
1	**6**	2	**3**	**7**	4	8	**9**	5
8	7	**5**	2	9	**1**	6	4	**3**

124

4	**5**	**1**	3	6	**9**	7	8	2
9	8	7	4	5	2	3	6	**1**
6	3	**2**	**1**	**8**	7	**4**	5	**9**
7	1	9	2	**4**	8	**6**	3	5
5	4	**8**	**6**	9	**3**	**1**	2	7
2	6	**3**	7	**1**	5	8	9	**4**
3	9	**4**	8	**2**	**1**	**5**	7	6
8	2	6	5	7	4	9	1	3
1	7	5	**9**	3	6	**2**	**4**	8

SUPER **SUDOKU**

125

2	**6**	**9**	1	3	**7**	**8**	4	5
5	3	7	6	**8**	4	1	2	**9**
1	4	8	2	5	9	3	7	**6**
7	5	**6**	9	2	**1**	**4**	8	3
8	2	**4**	3	7	5	**6**	9	1
9	1	**3**	**8**	4	6	**2**	5	**7**
4	9	1	7	6	2	5	3	**8**
3	7	5	4	**1**	8	9	6	2
6	8	**2**	**5**	9	3	**7**	**1**	4

126

7	4	2	**9**	**1**	8	3	5	**6**
6	1	8	3	4	5	2	**7**	9
5	3	**9**	**6**	7	**2**	**8**	4	1
3	5	**4**	**8**	2	9	**6**	1	7
2	6	7	1	3	4	9	8	**5**
9	8	**1**	5	6	**7**	**4**	2	**3**
1	7	**6**	**4**	8	**3**	**5**	9	2
8	**9**	3	2	5	1	7	6	4
4	2	5	7	**9**	**6**	1	3	8

127

4	**7**	**9**	**1**	6	2	8	**5**	3
8	3	2	**5**	7	9	1	**6**	**4**
1	5	6	3	**8**	4	9	7	**2**
6	8	3	**2**	1	**5**	**7**	4	9
9	2	7	8	**4**	6	3	1	5
5	4	**1**	**9**	3	**7**	6	2	8
7	1	5	4	**9**	8	2	3	6
2	**6**	8	7	5	**3**	4	9	1
3	**9**	4	6	2	**1**	**5**	**8**	7

128

1	3	8	6	**5**	**7**	2	4	**9**
2	**7**	4	3	1	9	6	**5**	**8**
9	5	6	4	8	2	**3**	7	1
7	6	**2**	9	4	**8**	1	3	**5**
5	**9**	3	7	**6**	1	8	**2**	**4**
4	8	1	**2**	3	5	**9**	6	7
3	4	**9**	8	7	6	5	1	**2**
8	**1**	7	5	2	3	4	**9**	6
6	2	5	**1**	**9**	4	7	8	**3**

SUPER **SUDOKU**

129

8	1	3	6	9	5	**2**	**7**	4
2	4	**9**	3	1	7	5	**6**	8
5	**6**	7	**2**	8	4	**1**	9	3
7	9	**1**	8	**3**	6	4	**2**	5
4	2	6	**7**	5	**1**	8	3	**9**
3	**8**	5	9	**4**	2	**6**	1	7
1	7	**8**	5	6	**9**	3	**4**	**2**
9	**5**	4	1	2	3	**7**	8	6
6	**3**	**2**	4	7	8	9	5	1

130

1	**2**	9	**4**	**3**	7	5	8	**6**
6	7	**4**	8	1	5	**2**	3	**9**
8	**5**	3	9	6	2	7	**4**	1
4	8	2	**7**	5	**9**	1	6	**3**
7	3	6	2	**4**	1	8	9	**5**
9	1	5	**3**	8	**6**	4	2	7
5	**9**	8	6	7	4	3	**1**	2
2	4	**1**	5	9	3	**6**	7	8
3	6	7	1	**2**	**8**	9	**5**	**4**

131

7	4	8	2	**3**	9	1	**5**	**6**
5	2	3	**7**	**1**	6	9	**8**	**4**
1	9	6	8	5	**4**	3	2	7
6	**7**	5	**4**	8	3	**2**	9	1
2	**3**	4	5	9	1	7	**6**	**8**
9	8	**1**	6	2	**7**	5	**4**	3
4	1	7	**9**	6	2	8	3	5
8	**6**	9	3	**7**	**5**	4	1	2
3	**5**	2	1	**4**	8	6	7	**9**

132

3	**5**	**8**	7	2	**9**	6	**1**	4
6	9	4	3	5	**1**	2	7	**8**
7	1	2	**8**	**4**	6	9	5	**3**
5	**6**	3	4	7	8	**1**	9	2
2	7	**9**	6	**1**	3	**4**	8	5
4	8	**1**	5	9	2	3	**6**	**7**
8	2	6	1	**3**	**7**	5	4	9
9	4	7	**2**	6	5	8	3	**1**
1	**3**	5	**9**	8	4	**7**	**2**	6

SUPER **SUDOKU**

133

1	7	6	3	9	5	8	**2**	4
3	2	**5**	**8**	1	**4**	9	6	7
8	4	**9**	7	2	6	3	**1**	5
7	**6**	8	**2**	4	3	**5**	9	1
5	1	2	**9**	**7**	**8**	4	3	6
9	3	**4**	6	5	**1**	7	**8**	2
6	**8**	7	4	3	2	**1**	5	**9**
2	9	1	**5**	8	**7**	**6**	4	**3**
4	**5**	3	1	6	9	2	7	8

134

8	1	**6**	7	**2**	4	9	5	3
3	**4**	5	6	8	**9**	2	**7**	1
7	2	**9**	5	**3**	**1**	**8**	4	**6**
1	**8**	**2**	9	7	5	3	6	4
5	3	**7**	4	6	8	**1**	2	**9**
6	9	4	2	1	3	**5**	**8**	7
2	7	**8**	**3**	**9**	6	**4**	1	5
9	**5**	1	**8**	4	7	6	**3**	2
4	6	3	1	**5**	2	**7**	9	8

135

4	**2**	**8**	3	**5**	9	1	7	6
5	6	**9**	**4**	1	7	8	**3**	2
7	3	**1**	**6**	2	8	9	5	4
3	9	7	2	8	**1**	4	6	**5**
2	**1**	4	9	6	5	3	**8**	7
6	8	5	**7**	4	3	2	9	1
8	4	6	5	3	**2**	**7**	1	**9**
9	**5**	3	1	7	**4**	**6**	2	8
1	7	2	8	**9**	6	**5**	**4**	3

136

8	7	3	1	**9**	5	**2**	**6**	4
6	4	5	7	8	2	**1**	3	9
9	**1**	2	**3**	4	**6**	7	8	5
4	3	**1**	**8**	7	**9**	**6**	5	2
2	8	7	6	**5**	4	9	1	**3**
5	6	**9**	**2**	1	**3**	**4**	7	8
1	2	6	**9**	3	**8**	5	**4**	**7**
3	9	**4**	5	6	7	8	2	**1**
7	**5**	**8**	4	**2**	1	3	9	6

SUPER **SUDOKU**

137

3	9	4	**8**	7	**5**	**1**	6	2
5	7	8	**2**	**1**	6	**4**	3	9
6	**1**	2	9	**4**	3	5	8	7
8	2	1	5	3	4	7	**9**	**6**
7	**5**	**3**	6	9	2	**8**	**1**	4
4	**6**	9	1	8	7	2	5	**3**
2	4	6	3	**5**	8	9	**7**	**1**
9	8	**7**	4	**6**	**1**	3	2	5
1	3	**5**	**7**	2	**9**	6	4	8

138

6	5	**9**	3	4	**8**	1	**2**	7
7	2	4	**6**	5	1	3	8	9
3	1	**8**	7	**2**	9	**6**	4	**5**
2	9	1	8	**6**	7	5	**3**	4
5	3	**6**	**4**	**9**	**2**	**7**	1	8
8	**4**	7	1	**3**	5	2	9	**6**
1	6	**5**	2	**8**	4	**9**	7	3
9	8	2	5	7	**3**	4	6	**1**
4	**7**	3	**9**	1	6	**8**	5	2

139

6	**7**	3	9	2	**4**	**1**	5	8
9	1	**2**	5	8	6	3	4	7
5	**8**	4	**7**	**3**	1	6	2	**9**
2	3	**5**	8	**7**	9	4	1	**6**
1	4	**8**	**6**	5	**3**	**9**	7	2
7	9	6	4	**1**	2	**8**	3	5
4	2	9	3	**6**	**5**	7	**8**	1
3	5	7	1	9	8	**2**	6	**4**
8	6	**1**	**2**	4	7	5	**9**	**3**

140

2	**7**	4	9	**6**	3	1	5	**8**
1	**5**	9	2	4	**8**	7	**3**	**6**
3	6	8	**5**	**7**	1	2	4	9
7	**2**	6	8	5	9	**3**	1	4
8	4	**1**	3	2	6	**5**	9	**7**
5	9	**3**	4	1	7	6	**8**	2
4	3	5	6	**9**	**2**	8	7	1
9	**1**	2	**7**	8	5	4	**6**	3
6	8	7	1	**3**	4	9	**2**	**5**

SUPER **SUDOKU**

141

1	6	8	**4**	9	3	5	7	**2**
4	2	**7**	**1**	5	8	**6**	3	9
9	**5**	3	**7**	**2**	6	1	**4**	8
2	9	1	5	3	4	**8**	**6**	**7**
8	4	**6**	9	1	7	**3**	2	5
7	**3**	**5**	6	8	2	9	1	4
3	**7**	4	8	**6**	**5**	2	**9**	1
6	8	**9**	2	7	**1**	**4**	5	3
5	1	2	3	4	**9**	7	8	**6**

142

4	**9**	**7**	**5**	8	**3**	**6**	**1**	2
3	8	2	4	**6**	1	9	5	7
5	1	6	7	9	2	8	4	**3**
7	**3**	4	**1**	5	**9**	2	**6**	8
6	**2**	1	3	7	8	4	**9**	5
8	**5**	9	**6**	2	**4**	7	**3**	1
9	7	5	8	3	6	1	2	**4**
2	4	8	9	**1**	5	3	7	6
1	**6**	**3**	**2**	4	**7**	**5**	**8**	9

143

5	**4**	**9**	**1**	6	8	2	3	7
7	8	2	**9**	**3**	5	4	1	**6**
1	6	**3**	2	**7**	4	**9**	5	**8**
3	2	5	6	8	9	7	**4**	**1**
8	**1**	**6**	3	**4**	7	**5**	**9**	2
9	**7**	4	5	1	2	6	8	3
2	3	**7**	4	**9**	1	**8**	6	5
4	5	1	8	**2**	**6**	3	7	9
6	9	8	7	5	**3**	**1**	**2**	4

144

8	2	**1**	3	4	7	9	5	6
7	6	4	5	1	**9**	**2**	**3**	8
9	3	5	**8**	**6**	2	1	**7**	4
6	5	**3**	**7**	2	**8**	4	**1**	9
4	9	**7**	6	3	1	**5**	8	2
1	**8**	2	**9**	5	**4**	**3**	6	7
2	**4**	6	1	**8**	**3**	7	9	**5**
5	**1**	**9**	**4**	7	6	8	2	3
3	7	8	2	9	5	**6**	4	1

SUPER **SUDOKU**

145

4	**6**	5	**8**	2	**7**	3	**9**	1
8	1	**9**	6	**5**	3	2	7	4
3	**2**	7	9	**1**	4	6	8	**5**
1	9	**4**	7	3	**2**	5	6	**8**
7	5	**3**	4	8	6	**1**	2	9
6	8	2	**1**	9	5	**7**	4	**3**
5	7	1	2	**4**	8	9	**3**	6
2	3	8	5	**6**	9	**4**	1	7
9	**4**	6	**3**	7	**1**	8	**5**	2

146

5	**3**	9	8	1	2	7	6	**4**
2	8	**7**	3	4	**6**	1	9	**5**
4	**1**	**6**	**5**	7	9	8	2	3
3	5	8	2	**9**	1	4	7	6
1	7	4	**6**	5	**3**	9	8	2
9	6	2	7	**8**	4	5	3	**1**
8	2	5	4	6	**7**	**3**	**1**	**9**
7	9	3	**1**	2	5	**6**	4	**8**
6	4	1	9	3	8	2	**5**	7

147

3	4	**5**	1	**2**	**8**	9	**7**	6
7	**2**	1	5	9	6	4	**8**	3
9	8	6	**4**	7	3	2	1	**5**
1	9	2	**7**	6	**4**	**3**	5	8
6	3	4	8	5	1	7	2	**9**
5	7	**8**	**9**	3	**2**	6	4	**1**
4	1	9	6	8	**7**	5	3	2
8	**6**	3	2	4	5	1	**9**	**7**
2	**5**	7	**3**	**1**	9	**8**	6	4

148

9	**4**	1	8	5	3	7	2	6
5	**3**	6	**9**	7	2	**1**	8	**4**
7	8	2	**6**	**4**	1	**3**	9	5
6	7	5	**1**	3	8	**2**	4	**9**
1	9	**8**	2	6	4	**5**	3	7
4	2	**3**	7	9	**5**	8	6	**1**
2	6	**7**	5	**8**	**9**	4	1	3
3	1	**9**	4	2	**7**	6	**5**	8
8	5	4	3	1	6	9	**7**	2

SUPER **SUDOKU**

149

1	7	4	6	**2**	3	9	**8**	**5**
8	**9**	2	**7**	4	5	6	**1**	3
6	5	**3**	9	1	8	**7**	2	4
3	4	5	**8**	9	**7**	1	**6**	2
7	6	1	3	**5**	2	4	9	**8**
9	**2**	8	**1**	6	**4**	5	3	7
5	8	**9**	4	3	1	**2**	7	6
4	**3**	6	2	7	**9**	8	**5**	**1**
2	**1**	7	5	**8**	6	3	4	**9**

150

8	**5**	1	4	2	6	9	3	7
9	**6**	**2**	3	5	**7**	4	1	8
3	7	4	9	**8**	**1**	5	**2**	6
1	**4**	6	8	**7**	**2**	3	5	**9**
5	3	8	1	9	4	7	6	2
7	2	9	**6**	**3**	5	1	**8**	**4**
6	**8**	3	**5**	**4**	9	2	7	1
2	9	5	**7**	1	8	**6**	**4**	**3**
4	1	7	2	6	3	8	**9**	5

151

7	**1**	5	**2**	**8**	6	9	**4**	3
9	2	6	5	**3**	4	8	7	**1**
8	3	**4**	**1**	7	9	**5**	2	6
2	4	8	9	6	7	**1**	3	**5**
5	**9**	7	4	1	3	6	**8**	**2**
3	6	**1**	8	2	5	4	9	7
1	5	**2**	3	4	**8**	**7**	6	9
6	8	9	7	**5**	2	3	1	**4**
4	**7**	3	6	**9**	**1**	2	**5**	8

152

6	2	**9**	3	**5**	1	**8**	4	7
5	3	8	6	7	**4**	1	**2**	9
1	7	4	8	**2**	**9**	3	5	**6**
2	9	5	7	3	8	**4**	**6**	1
3	6	**7**	4	**1**	5	**2**	9	**8**
8	**4**	**1**	2	9	6	7	3	5
4	5	6	**1**	**8**	2	9	7	**3**
9	**8**	3	**5**	4	7	6	1	2
7	1	**2**	9	**6**	3	**5**	8	4

SUPER **SUDOKU**

153

7	4	8	**6**	9	2	**3**	5	**1**
9	**2**	6	**5**	**1**	3	4	**8**	7
5	3	1	**8**	7	4	2	6	**9**
4	**9**	**3**	1	6	**7**	5	2	8
1	**5**	2	4	**3**	8	9	**7**	6
6	8	7	**9**	2	5	**1**	**4**	**3**
2	6	9	7	5	**1**	8	3	4
3	**7**	4	2	**8**	**9**	6	**1**	5
8	1	**5**	3	4	**6**	7	9	2

154

4	6	8	7	**1**	5	**2**	**9**	3
9	3	**2**	**4**	**6**	8	1	7	5
5	1	7	2	9	**3**	6	**8**	4
3	8	**9**	5	4	2	7	**6**	1
6	**7**	5	9	8	1	4	**3**	**2**
2	**4**	1	3	7	6	**8**	5	9
8	**5**	6	**1**	2	9	3	4	**7**
1	9	4	6	**3**	**7**	**5**	2	**8**
7	**2**	**3**	8	**5**	4	9	1	6

155

1	6	3	9	7	2	**8**	4	5
2	8	**4**	1	3	5	9	**7**	6
5	**9**	7	**6**	**4**	8	3	1	**2**
8	3	**5**	**4**	**1**	6	2	9	7
7	2	**1**	**8**	5	**9**	**6**	3	4
6	4	9	7	**2**	**3**	**5**	8	1
3	7	2	5	**9**	**4**	1	**6**	8
4	**5**	6	3	8	1	**7**	2	9
9	1	**8**	2	6	7	4	5	**3**

156

1	8	5	4	**2**	9	**6**	**3**	7
7	4	2	**1**	6	3	5	9	8
9	3	**6**	**8**	5	7	**4**	1	2
8	5	4	**3**	7	**2**	**1**	**6**	9
2	1	9	5	8	6	3	7	**4**
6	**7**	**3**	**9**	4	**1**	2	8	5
4	9	**1**	7	3	**5**	**8**	2	**6**
5	6	7	2	1	**8**	9	4	**3**
3	**2**	**8**	6	**9**	4	7	5	1

SUPER **SUDOKU**

157

6	7	4	9	5	1	8	3	2
8	9	1	3	7	2	5	6	4
5	2	3	8	6	4	1	9	7
3	5	7	4	2	6	9	8	1
4	8	6	1	9	5	2	7	3
2	1	9	7	8	3	6	4	5
7	6	5	2	4	9	3	1	8
1	4	2	6	3	8	7	5	9
9	3	8	5	1	7	4	2	6

158

9	5	4	1	3	2	8	6	7
7	6	2	9	5	8	3	1	4
3	1	8	4	6	7	5	2	9
5	7	6	3	1	4	2	9	8
1	8	9	7	2	6	4	5	3
4	2	3	5	8	9	1	7	6
6	4	1	2	9	3	7	8	5
8	3	5	6	7	1	9	4	2
2	9	7	8	4	5	6	3	1

159

6	3	1	2	7	8	5	4	9
5	4	8	9	1	3	6	2	7
7	9	2	5	6	4	3	8	1
1	5	9	7	8	2	4	3	6
3	7	4	6	5	9	8	1	2
2	8	6	4	3	1	7	9	5
8	1	7	3	2	5	9	6	4
9	2	5	8	4	6	1	7	3
4	6	3	1	9	7	2	5	8

160

6	4	3	1	5	8	2	9	7
8	2	1	4	9	7	5	6	3
7	5	9	6	2	3	4	1	8
1	9	6	5	8	4	7	3	2
4	8	7	2	3	9	6	5	1
2	3	5	7	1	6	8	4	9
5	7	2	3	4	1	9	8	6
9	1	4	8	6	2	3	7	5
3	6	8	9	7	5	1	2	4

SUPER **SUDOKU**

161

6	2	3	5	4	9	8	1	7
8	9	5	7	1	2	4	6	3
4	7	1	6	3	8	9	5	2
3	1	8	9	7	5	2	4	6
7	5	4	2	6	3	1	8	9
2	6	9	1	8	4	7	3	5
9	8	6	3	2	1	5	7	4
5	4	7	8	9	6	3	2	1
1	3	2	4	5	7	6	9	8

162

3	6	4	8	7	2	1	5	9
2	9	1	4	3	5	7	8	6
5	8	7	9	6	1	3	2	4
1	3	6	7	4	8	5	9	2
4	5	8	2	9	3	6	7	1
9	7	2	1	5	6	8	4	3
7	1	9	3	8	4	2	6	5
6	4	3	5	2	7	9	1	8
8	2	5	6	1	9	4	3	7

163

1	4	7	9	6	2	5	8	3
2	9	8	1	3	5	4	6	7
6	3	5	8	4	7	1	9	2
7	6	1	3	9	8	2	4	5
4	5	9	7	2	1	6	3	8
8	2	3	6	5	4	9	7	1
3	1	6	5	7	9	8	2	4
9	8	2	4	1	3	7	5	6
5	7	4	2	8	6	3	1	9

164

9	2	3	5	4	1	8	7	6
5	1	4	7	6	8	3	2	9
7	6	8	3	9	2	1	5	4
3	4	6	2	8	5	9	1	7
8	5	1	6	7	9	4	3	2
2	7	9	1	3	4	5	6	8
1	8	5	4	2	7	6	9	3
4	3	2	9	5	6	7	8	1
6	9	7	8	1	3	2	4	5

SUPER **SUDOKU**

165

1	7	3	5	6	**8**	**2**	**4**	9
4	2	6	**3**	7	**9**	5	8	1
8	9	**5**	2	1	4	6	**3**	**7**
9	8	1	6	4	3	7	2	**5**
6	4	2	**7**	**5**	**1**	3	9	**8**
3	5	7	9	8	2	4	1	**6**
2	**6**	8	4	9	5	**1**	7	3
5	3	9	**1**	2	**7**	8	6	4
7	**1**	**4**	**8**	3	6	9	5	2

166

1	7	**5**	**8**	3	4	9	**2**	6
2	**6**	3	1	5	9	8	**4**	**7**
9	8	**4**	7	2	**6**	3	5	1
8	5	1	**2**	9	**7**	**6**	3	4
7	9	6	4	**1**	3	5	8	2
3	4	**2**	**6**	8	**5**	1	7	**9**
4	1	7	**3**	6	8	**2**	9	**5**
6	**3**	9	5	4	2	7	**1**	8
5	**2**	8	9	7	**1**	**4**	6	3

167

3	4	5	**8**	1	**6**	2	**9**	7
2	**9**	**6**	5	7	4	1	3	8
7	8	1	9	2	3	**6**	**4**	5
1	3	9	**7**	4	8	**5**	**6**	2
8	6	7	**3**	5	**2**	9	1	4
5	**2**	**4**	1	6	**9**	8	7	**3**
9	**7**	**8**	2	3	1	4	5	**6**
4	5	2	6	9	7	**3**	**8**	1
6	**1**	3	**4**	8	**5**	7	2	9

168

5	4	6	1	**2**	**7**	**9**	8	3
1	2	9	**4**	**3**	8	7	5	6
3	7	**8**	**6**	5	9	**2**	4	1
8	1	4	5	9	3	**6**	**2**	7
9	**3**	7	8	6	2	5	**1**	**4**
6	**5**	**2**	7	4	1	8	3	**9**
4	8	**1**	2	7	**6**	**3**	9	**5**
7	9	5	3	**8**	**4**	1	6	2
2	6	**3**	**9**	**1**	5	4	7	8

SUPER **SUDOKU**

169

1	3	**7**	8	5	**6**	4	**2**	9
4	6	2	7	**9**	3	5	8	**1**
8	5	**9**	4	2	**1**	3	7	6
7	2	4	9	6	5	**1**	3	**8**
3	8	**1**	**2**	**4**	**7**	**6**	9	5
5	9	**6**	1	3	8	7	4	2
2	1	3	**5**	8	4	**9**	6	**7**
6	7	8	3	**1**	9	2	5	4
9	**4**	5	**6**	7	2	**8**	1	3

170

6	3	1	**2**	8	**4**	7	9	5
8	4	**7**	9	3	**5**	**6**	2	1
2	**9**	5	7	**1**	6	3	**8**	4
4	**8**	9	**3**	2	**1**	5	6	**7**
1	7	**3**	5	6	9	**2**	4	8
5	6	2	**8**	4	**7**	1	**3**	**9**
3	**1**	4	6	**7**	8	9	**5**	2
7	5	**6**	**4**	9	2	**8**	1	3
9	2	8	**1**	5	**3**	4	7	6

171

7	5	6	2	**1**	9	**4**	**3**	8
1	4	**9**	**8**	3	6	5	7	**2**
8	**2**	3	4	**5**	**7**	**9**	1	**6**
9	**7**	2	5	4	8	**1**	6	3
3	8	**4**	6	9	1	**7**	2	**5**
6	1	**5**	3	7	2	8	**9**	4
2	9	**8**	**7**	**6**	5	3	**4**	1
4	6	1	9	8	**3**	**2**	5	7
5	**3**	**7**	1	**2**	4	6	8	9

172

2	**6**	1	9	4	**7**	8	5	3
7	5	**4**	2	8	3	**9**	1	6
8	9	3	6	1	**5**	7	**2**	**4**
5	**4**	6	**1**	**9**	8	**3**	7	2
3	2	8	7	6	4	1	9	5
9	1	**7**	3	**5**	**2**	4	**6**	8
1	**3**	5	**4**	7	6	2	8	**9**
6	7	**2**	8	3	9	**5**	4	1
4	8	9	**5**	2	1	6	**3**	7

SUPER **SUDOKU**

173

4	2	7	**5**	1	8	**3**	6	**9**
1	**6**	3	4	**7**	9	8	5	2
5	8	9	6	3	**2**	7	**4**	**1**
9	7	8	**3**	6	4	**1**	2	**5**
2	3	**5**	7	9	1	**4**	8	6
6	1	**4**	2	8	**5**	9	7	**3**
8	**9**	2	**1**	5	7	6	3	4
7	4	6	9	**2**	3	5	**1**	8
3	5	**1**	8	4	**6**	2	9	**7**

174

6	**2**	**1**	**8**	9	7	5	3	**4**
9	8	4	3	1	5	**7**	6	2
7	5	**3**	2	4	**6**	9	**8**	1
1	9	7	5	2	**3**	**6**	4	8
4	6	8	9	7	1	2	5	3
2	3	**5**	**4**	6	8	1	7	**9**
8	**1**	6	**7**	3	9	**4**	2	**5**
5	7	**2**	1	8	4	3	9	**6**
3	4	9	6	5	**2**	**8**	**1**	7

175

1	7	**4**	3	**8**	2	5	9	**6**
3	9	5	1	7	**6**	8	4	2
2	6	8	**5**	**4**	**9**	1	3	**7**
4	**8**	**1**	7	2	5	**9**	6	3
5	2	**6**	9	**1**	3	**4**	7	**8**
7	3	**9**	8	6	4	**2**	**1**	5
8	4	3	**2**	**9**	**7**	6	5	1
6	5	2	**4**	3	1	7	8	9
9	1	7	6	**5**	8	**3**	2	**4**

176

5	6	1	**8**	2	3	**4**	9	**7**
3	**7**	9	5	1	4	6	8	**2**
2	4	**8**	7	9	6	5	**3**	**1**
4	**2**	7	**6**	**3**	8	1	5	9
8	1	5	2	**4**	9	7	6	**3**
9	3	6	1	**5**	**7**	8	**2**	**4**
6	**5**	4	3	7	2	**9**	1	8
7	8	2	9	6	1	3	**4**	5
1	9	**3**	4	8	**5**	2	7	6

SUPER **SUDOKU**

177

9	**5**	2	**7**	**4**	1	**8**	**6**	**3**
8	7	**4**	2	6	3	**1**	5	9
1	**6**	3	**9**	5	8	4	2	7
6	1	8	5	**3**	9	**2**	7	4
3	9	**7**	**6**	2	**4**	**5**	8	1
2	4	**5**	1	**8**	7	9	3	6
4	3	9	8	7	**2**	6	**1**	5
7	2	**6**	4	1	5	**3**	9	8
5	**8**	**1**	3	**9**	**6**	7	**4**	2

178

7	8	9	5	**3**	**1**	2	4	6
4	3	**1**	**8**	6	2	5	**7**	9
2	**6**	5	4	7	**9**	**1**	8	3
5	**1**	6	3	8	7	**9**	2	**4**
3	7	8	9	**2**	4	6	1	**5**
9	2	**4**	1	5	6	7	**3**	8
8	5	**2**	**7**	9	3	4	**6**	1
1	**9**	7	6	4	**8**	**3**	5	2
6	4	3	**2**	**1**	5	8	9	**7**

179

1	6	2	4	7	3	8	**9**	5
4	**7**	3	5	9	8	**6**	**2**	1
9	**5**	**8**	**6**	1	**2**	**3**	7	4
2	8	**1**	**7**	4	**6**	**9**	5	3
7	4	9	2	**3**	5	1	6	8
6	3	**5**	**9**	8	**1**	**7**	4	2
3	9	**6**	**8**	2	**4**	**5**	**1**	7
8	**2**	**7**	1	5	9	4	**3**	**6**
5	**1**	4	3	6	7	2	8	9

180

4	6	**9**	3	2	**8**	7	**5**	1
5	3	1	9	**4**	7	8	6	2
8	7	**2**	**6**	**1**	5	**3**	9	**4**
3	9	6	7	5	1	**2**	4	8
1	**5**	**8**	4	**3**	2	**9**	**7**	6
2	4	**7**	8	6	9	1	3	**5**
7	1	**4**	2	**9**	**6**	**5**	8	3
9	2	3	5	**8**	4	6	1	**7**
6	**8**	5	**1**	7	3	**4**	2	9

SUPER **SUDOKU**

181

3	2	7	6	9	4	8	5	1
5	1	4	3	8	7	6	2	9
8	9	6	2	5	1	3	7	4
9	7	3	5	1	2	4	8	6
1	5	2	8	4	6	7	9	3
6	4	8	9	7	3	5	1	2
2	3	5	1	6	8	9	4	7
4	6	9	7	2	5	1	3	8
7	8	1	4	3	9	2	6	5

182

2	6	9	3	1	7	5	8	4
4	5	7	2	9	8	3	6	1
1	3	8	5	6	4	9	2	7
8	2	4	6	7	3	1	9	5
6	7	3	9	5	1	2	4	8
9	1	5	8	4	2	7	3	6
5	8	2	1	3	6	4	7	9
3	4	1	7	8	9	6	5	2
7	9	6	4	2	5	8	1	3

183

1	7	4	3	2	9	6	5	8
5	8	2	1	4	6	9	3	7
3	9	6	8	7	5	1	2	4
9	3	7	4	1	8	2	6	5
2	4	5	7	6	3	8	1	9
6	1	8	5	9	2	4	7	3
4	5	3	2	8	1	7	9	6
7	6	1	9	3	4	5	8	2
8	2	9	6	5	7	3	4	1

184

7	9	3	2	6	1	8	4	5
6	8	2	4	5	3	7	9	1
5	1	4	8	9	7	6	3	2
1	3	6	7	8	5	4	2	9
4	2	9	1	3	6	5	8	7
8	5	7	9	2	4	3	1	6
3	6	1	5	4	2	9	7	8
2	4	8	6	7	9	1	5	3
9	7	5	3	1	8	2	6	4

SUPER **SUDOKU**

185

8	5	3	9	**4**	6	2	**1**	**7**
7	**6**	2	5	**1**	**3**	8	9	**4**
9	1	4	2	8	7	**5**	3	6
6	7	**5**	3	**2**	8	1	4	**9**
3	**9**	**1**	4	7	5	**6**	**2**	8
4	2	8	1	**6**	9	**7**	5	3
1	4	**7**	6	9	2	3	8	5
5	8	9	**7**	**3**	1	4	**6**	2
2	**3**	6	8	**5**	4	9	7	**1**

186

7	9	**6**	**2**	3	5	1	8	**4**
1	5	**3**	4	**7**	8	9	2	6
2	4	8	9	**6**	**1**	**7**	5	3
5	2	9	8	4	**6**	**3**	**1**	7
3	7	4	**5**	1	**9**	8	6	**2**
6	**8**	**1**	**7**	2	3	4	9	**5**
4	6	**7**	**1**	**9**	2	5	3	8
9	3	5	6	**8**	4	**2**	7	**1**
8	1	2	3	5	**7**	**6**	4	9

187

8	3	1	6	7	**4**	2	9	**5**
5	4	**7**	8	2	**9**	6	1	3
6	**9**	**2**	1	**5**	3	7	4	8
4	6	**3**	**9**	**8**	5	1	2	7
2	8	9	**7**	4	**1**	5	3	**6**
7	1	5	3	**6**	**2**	**4**	8	**9**
9	5	8	2	**1**	7	**3**	**6**	4
3	2	4	**5**	9	6	**8**	7	1
1	7	6	**4**	3	8	9	5	**2**

188

9	**6**	8	**2**	1	7	5	4	**3**
2	1	7	3	**5**	4	8	**9**	6
4	5	**3**	**6**	**8**	9	2	1	7
5	4	**9**	1	2	6	3	7	8
1	**8**	**6**	5	7	3	**4**	**2**	9
7	3	2	9	4	8	**6**	5	**1**
3	9	1	4	**6**	**5**	**7**	8	2
6	**7**	4	8	**9**	2	1	3	**5**
8	2	5	7	3	**1**	9	**6**	4

SUPER **SUDOKU**

189

4	1	**6**	**5**	8	7	**2**	**9**	3
2	**7**	**8**	1	9	3	6	5	**4**
5	**3**	9	**4**	6	2	8	7	**1**
1	8	**7**	**9**	5	6	3	4	2
3	5	4	2	**7**	8	1	6	9
6	9	2	3	4	**1**	**7**	8	**5**
9	6	3	8	2	**4**	5	**1**	**7**
8	4	1	7	3	5	**9**	**2**	6
7	**2**	**5**	6	1	**9**	**4**	3	8

190

2	5	**1**	7	3	**6**	4	**8**	9
3	**9**	6	**5**	4	8	7	1	2
7	8	4	2	9	**1**	5	3	**6**
1	6	2	8	**7**	3	**9**	**5**	4
4	7	8	9	6	5	3	2	**1**
5	**3**	**9**	1	**2**	4	8	6	7
9	1	3	**6**	8	7	2	4	5
8	2	5	4	1	**9**	6	**7**	**3**
6	**4**	7	**3**	5	2	**1**	9	**8**

191

9	**7**	4	5	**2**	8	**1**	3	6
6	3	**1**	9	4	7	**8**	2	**5**
2	5	8	**1**	**3**	6	7	**4**	9
5	6	**7**	**3**	9	2	4	8	1
3	4	9	6	8	1	2	5	7
8	1	2	7	5	**4**	**9**	6	**3**
7	**8**	5	2	**6**	**9**	3	1	**4**
4	9	**6**	8	1	3	**5**	7	2
1	2	**3**	4	**7**	5	6	**9**	8

192

7	**3**	**4**	5	**8**	9	6	2	1
5	9	8	1	**6**	2	3	7	4
1	**2**	**6**	3	7	**4**	9	5	8
4	**6**	9	**8**	2	3	**5**	1	7
3	7	**2**	**9**	5	**1**	**4**	8	6
8	5	**1**	6	4	**7**	2	**9**	3
6	8	7	**4**	9	5	**1**	**3**	**2**
2	1	5	7	**3**	6	8	4	**9**
9	4	3	2	**1**	8	**7**	**6**	5

SUPER **SUDOKU**

193

1	7	3	4	6	5	8	9	2
4	2	9	7	8	1	3	6	5
5	8	6	3	9	2	7	1	4
8	9	4	1	2	6	5	7	3
7	6	1	5	3	4	2	8	9
2	3	5	9	7	8	6	4	1
6	4	8	2	1	3	9	5	7
3	5	7	6	4	9	1	2	8
9	1	2	8	5	7	4	3	6

194

2	9	1	5	8	3	6	4	7
8	7	4	6	9	2	5	1	3
5	6	3	1	4	7	8	9	2
9	8	7	3	2	1	4	6	5
1	2	5	8	6	4	7	3	9
4	3	6	7	5	9	2	8	1
3	5	9	4	7	6	1	2	8
6	1	8	2	3	5	9	7	4
7	4	2	9	1	8	3	5	6

195

8	7	2	9	4	6	3	1	5
9	3	4	8	1	5	7	6	2
6	5	1	7	2	3	9	8	4
5	1	7	6	9	4	2	3	8
2	4	6	3	7	8	5	9	1
3	8	9	2	5	1	4	7	6
4	9	3	1	8	2	6	5	7
1	6	5	4	3	7	8	2	9
7	2	8	5	6	9	1	4	3

196

9	1	4	5	3	6	7	2	8
8	6	7	2	4	9	5	3	1
3	5	2	7	1	8	6	9	4
6	3	9	1	5	4	8	7	2
2	4	8	9	6	7	3	1	5
1	7	5	8	2	3	9	4	6
5	9	3	4	8	2	1	6	7
4	8	6	3	7	1	2	5	9
7	2	1	6	9	5	4	8	3

SUPER **SUDOKU**

197

2	**7**	8	4	9	3	1	**5**	**6**
3	1	4	5	**8**	**6**	2	9	**7**
9	5	6	**1**	7	2	4	3	8
8	**6**	2	**3**	1	**5**	**9**	7	4
1	**3**	5	9	**4**	7	8	**6**	2
4	9	**7**	**2**	6	**8**	3	**1**	5
6	2	1	7	3	**4**	5	8	9
5	8	3	**6**	**2**	9	7	4	**1**
7	**4**	9	8	5	1	6	**2**	**3**

198

2	8	9	**3**	**4**	6	**1**	7	5
6	3	**4**	1	5	**7**	8	9	2
5	1	7	**8**	9	**2**	3	**4**	6
1	**4**	**3**	5	8	9	**6**	2	**7**
8	7	2	6	1	4	9	5	**3**
9	6	**5**	2	7	3	**4**	**1**	8
4	**2**	1	**7**	3	**8**	5	6	**9**
3	5	6	**9**	2	1	**7**	8	4
7	9	**8**	4	**6**	**5**	2	3	1

199

9	1	3	**6**	8	**7**	4	**2**	5
7	2	5	3	1	4	8	**9**	6
8	**6**	**4**	2	**5**	9	**3**	1	7
6	4	7	**1**	9	3	**2**	**5**	8
2	5	**1**	8	7	6	**9**	3	**4**
3	**9**	**8**	4	2	**5**	7	6	**1**
5	3	**6**	9	**4**	8	**1**	**7**	2
4	**7**	2	5	3	1	6	8	9
1	**8**	9	**7**	6	**2**	5	4	3

200

1	**3**	**8**	2	4	6	**7**	**9**	5
4	6	**5**	**3**	7	**9**	**8**	2	1
9	7	2	5	1	8	3	4	**6**
3	4	7	**8**	**2**	**5**	6	1	9
6	2	**9**	1	**3**	4	**5**	7	8
8	5	1	**6**	**9**	**7**	2	3	4
7	9	6	4	8	2	1	5	**3**
2	8	**3**	**9**	5	**1**	**4**	6	7
5	**1**	**4**	7	6	3	**9**	**8**	2

슈퍼 스도쿠 인피니티

IQ 148을 위한 논리게임

1판 1쇄 펴낸날 2017년 2월 24일
1판 5쇄 펴낸날 2022년 2월 10일

지은이 | 마인드 게임

펴낸이 | 박윤태
펴낸곳 | 보누스
등 록 | 2001년 8월 17일 제313-2002-179호
주 소 | 서울시 마포구 동교로12안길 31 보누스 4층
전 화 | 02-333-3114
팩 스 | 02-3143-3254
이메일 | bonus@bonusbook.co.kr

ISBN 978-89-6494-278-9 14410

• 책값은 뒤표지에 있습니다.